U0004754

· BEER 101 ·

啤酒
品味圖鑑

陳馨儀

編著

晨星出版

目次

CONTENTS

自序 啤酒杯裡的快樂史

　　啤酒與葡萄酒、黃酒並列為人類歷史中的三大古酒，西元前 6 千年就已經出現在美索不達米亞平原蘇美爾人的石板上。而後，這項技術隨著戰爭與貿易，逐漸向埃及、羅馬、希臘等地區傳播開來，到西元 4 世紀時，啤酒文化已經進入歐洲人們的生活了。近代，當歐洲人向海外建立殖民地，也使得這項工藝在亞洲等國家落地生根。

　　「釀造容易」是啤酒的一大特點，只需將麥芽加熱水糖化取得麥汁，再煮沸加入啤酒花，冷卻後進行發酵與熟成，幾乎在自家廚房就可以做出來。這使它的取得成本比其他酒類低廉，種類與風味更多樣，而且深入人們的生活。在麥香與酒花香中，暫時逃離壓力，不是特定階層或是品酩專家的特權，無論你是商人、勞工、農民、乃至於流浪漢，下班後放鬆獨酌或是親友聚餐要熱鬧，都可以隨時來上一杯，讓壓力隨著滿滿的氣泡被釋放。

　　當微苦的酒液入了喉，洋溢在唇齒與味蕾間的，竟是芬芳與甘甜。庸庸碌碌人生中的快樂滋味，不也正是如此嗎？也因此，我們在各色各樣的啤酒中，品嚐了古往今來，最平凡也最動人的喜悅。

　　比利時的僧侶以釀製啤酒支撐自給自足的修行生活，所以我們在古老風味的修道院啤酒中，感受到信仰帶來的純粹與自然；德國釀酒者嚴格遵從 1516 年皇室頒布的純酒令，所以我們在最簡單成分的拉格啤酒，喝到釀酒匠人對精湛工藝的自豪；IPA 啤酒的出現，是英國人為了在遙遠的殖民地，可以喝到熟悉的家鄉味，所以那強烈的苦

韻下，帶來的是綿長的回甘；中國、菲律賓、台灣等地，曾經是殖民者足跡的啤酒廠，而今也釀造出屬於自己的風味，回頭向歐美行銷自己的自豪與暢快。

上個世紀的 70 年代起，人們厭倦了商業化量產下千篇一律的啤酒滋味，由美國開始展開精釀啤酒運動。英國、法國、德國、比利時、荷蘭，乃至於中國、日本、韓國、台灣等地，都可以品嚐到這些小量產傳統工法、具有地方特色、釀酒師主導的，深具個性風味的啤酒。也因此，苦悶的生活裡，我們可以隨時來杯不一樣的、新鮮的滋味，咕嚕咕嚕飲進多采多姿的歡愉。

話說到這兒有些渴了，且讓我們先歇一歇，把啤酒斟到酒帽滿溢，然後乾上一大口。屬於啤酒的故事還有很多，讓本書中其他的篇章，慢慢告訴你。

前言　百變的啤酒種類

世界上有超過萬個啤酒品牌，千變萬化的風味，加上各種創意調配，讓人眼花繚亂。各式各樣的啤酒，大抵可以分成：愛爾（Ale）、拉格（Lager）。在進入正式品酩之前，讓我們先對啤酒的這基本兩大類別，以及其他特殊分類，有基本的瞭解。

風味萬千的愛爾（Ale）

愛爾啤酒是最早被發明的啤酒。其製作方法簡單，發酵溫度較高（16℃至21℃），而發酵時間較短（3至6天），過程中酵母會浮到釀製中的啤酒面層，所以名字叫上層發酵法。愛爾啤酒一般而言酒體飽滿，風味變化很多，缺點是保存期限較短。常見的愛爾啤酒家族包括：自然酸釀的蘭比克（Lambic）、泡沫柔密味道淡雅的英式淡愛爾（Pale Ale）、苦味與香氣逼人的印度淡色愛爾（Indian Pale Ale，IPA）、果香馥郁的白愛爾（White Ale）、焦香濃厚的波特（Porter），以及更強烈苦口的司陶特（Stout）。

順暢爽口的拉格（Lager）

拉格啤酒又稱窖藏啤酒，是近一百多年才出現的，是很現代的啤酒釀製法。其發酵溫度較愛爾低（4℃至10℃），而發酵時間長（6至10天），過程中酵母不往上升而是往下沉，為下層發酵法。其酒

體清澈,微生物不易滋長,保存溫度較長,符合工業化大量生產必須品質穩定的需求,因此目前全世界量產的商業啤酒大多屬於拉格型,口感清爽輕盈。拉格啤酒家族包括:始祖酒款皮爾森(Pilsner)、清新優雅的淡拉格(Pale Lager)、香氣逼人的黑拉格(Dark Lager)。

黑啤酒與白啤酒

正統的啤酒分類中沒有黑啤酒。因為在釀造的原料中採用烘烤過的麥芽,使得酒色變深而接近黑色,帶有焦苦味、咖啡與巧克力香,這樣的啤酒就被稱為黑啤酒,波特、司陶特及黑拉格都是如此,並沒有一定是愛爾或拉格。不過白啤酒就一定是愛爾,其採用小麥為原料,小麥蛋白和酵母造成略白與朦朧的外觀,而獲得這樣的稱呼。

生啤酒指的是?

以酵母發酵釀造的啤酒會有菌的問題。市售的商業啤酒,一般會先經過一道滅菌的程序後才會販售;相對的,如果沒有這道程序,直接從桶中汲取販售,就可以稱之為生啤酒。由於酵母會繼續發酵啤酒,生啤酒較熟啤酒變質的速度更快,但風味會更新鮮清爽!

三山啤酒

3 Monts

純粹的大地滋味

三山啤酒（3 MONTS）來自法國弗蘭德（Flandre）平原上的聖・錫爾韋斯特・卡佩爾（Saint-Sylvestre-Cappel）酒廠。卡瑟勒（Cassel）、雷柯勒（Récollets）、卡茲（Cats）三座山，位於法國與比利時的邊界，其實都不過是海拔百來公尺的小山丘，但在廣闊的平原上卻顯得巍峨，於是就成了這個酒廠的精神標誌。

酒廠成立於 1920 年，雷米・里庫爾（Rémi Ricour）和妻子購買了一間歷史悠久的老酒廠，從不熟悉釀酒的新手，開始從事這門事業。他們最初釀製的成品，酒精度數約在 1 到 2 度之間，以桶裝的方式提供給周邊地區的咖啡館或居民，味道品質並不穩定，被稱為「小啤酒」（little beer）。而今，酒廠已經傳承了三代，在不斷的探索之下，創造出了強烈的個性風味。

受益於平原上肥沃的土壤，此地的大麥與啤酒花都有很好的品質，本身就足以使啤酒產生出色的滋味。因此，三山啤酒的配方十分簡單，以 90% 的純淨之水，搭配大麥、少量酵母與啤酒花就足夠。值得一提的是，它採用了高技術門檻的絮狀酵母進行發酵，因此風味也格外不同。

傳承百年的釀酒工藝，造就了它樸質中帶著生氣的風情。啜一口，任味道在喉頭縈繞，回甘的是來自法國大地的生命力。

Saint-Sylvestre

網址：www.3monts.com
色澤：清澈透明的金黃色
香氣：麥芽濃郁香氣，佐以水果的氣息
風味：口感豐富，層次多變，尾聲略帶苦韻
特色：適合搭配海鮮，風味一流

barnart／Shutterstock.com

艾菲根·
三麥金修道院啤酒

Affligem Tripel

風味變化豈止三倍

比利時最知名的啤酒種類，約莫都是僧侶釀造的。歐洲北部的修道院，已經有超過一千年的啤酒釀造史。西元 6 世紀的聖本篤會規（The Rule of St. Benedict），允許聖職人員每天飲用固定量的酒。僧侶們以所屬耕地上的穀物釀酒，以支持日常開銷與推動傳教，是歷史悠久的傳統。

儘管現在許多被稱為修道院啤酒的品牌，未必真正出自僧侶之手，而僅僅只是氣味風格被歸類。但這款艾菲根·三麥金則是道道地地的修道院啤酒。艾菲根修道院由一群騎士建立於 1062 年，位於離根特（Grand）不遠之處，在 1950 年代由於修行者逐年減少，才將歷史悠久的釀酒配方賣出，輾轉到距離不遠的德史密特（De Smedt）釀酒廠。

根據比利時的釀酒傳統術語，啤酒依照強度分成單倍（Simple）、雙倍（Double）和三倍（Tripel）。三倍的口感複雜多變，常混和多種的麥芽和香料，酒精濃度多在 8% 至 11% 之間，酒體濃郁渾厚。味覺繁複但不至於太過強烈，被認為是最理想的佐餐酒之一。而艾菲根·三麥金正是典型的一款。

它還經過三重發酵，前兩次是槽內發酵，最後一次則是瓶內發酵。也因此，它的味覺層次非常豐富，在口內變化萬千，豈止是三倍。

De Smedt

網址：www.affligembeer.com
種類：修道院啤酒
色澤：渾濁而帶有光澤的橙色
香氣：蘋果與水蜜桃香氣，帶著微苦的辛香
風味：口感純粹，層次鮮明
特色：佐餐酒的絕佳選擇

barinart／Shutterstock.com

海錨・蒸氣啤酒

Anchor Steam Beer

淘金時代的蒸氣啤酒

因為 1920 年至 1933 年的禁酒令,所以美國鮮少像歐洲那樣動輒幾百年的老啤酒廠,成立於 1896 年的海錨酒廠,就已經是數一數二的老大哥了。它可以說是現存最早的美國精釀啤酒廠之一,更是大家眼中「蒸氣啤酒」(Steam Beer)的代表產品。

蒸氣啤酒發源於美國西岸淘金時期的舊金山。在缺乏冷藏措施的的前提下,為了提供給工人們飲用所需的啤酒,酒廠將原本用於低溫發酵的拉格酵母,運用在常溫的發酵。一般而言,這樣發酵的啤酒較具水果的酯香味,由於熟成時間短,氣體沒有完全溶解在啤酒中,在開瓶時會發出蒸氣機噴出蒸氣的聲音,因此而得名。

從成立到今天,一世紀多以來,海錨酒廠幾經易手,成功度過禁酒令與二戰後工業拉格興起的挑戰。1965 年,弗利次・梅塔格(Fritz Maytag)因不捨自己喜愛的酒款消失,買下了快要倒閉的它,使其重振旗鼓。海錨以微型啤酒廠之姿對抗當時正值主流的大型啤酒廠,在酒客心中佔有一席之地,在美國成為精釀啤酒的先驅者。

這款海錨蒸氣啤酒,泡沫量偏少、酒帽也不持久。中等的酒體,口感爽冽,聞起來有淡淡的果香,帶著烘焙香氣的餘韻悠長,在喉頭久久不散。獨特風味,可說是美國百年釀造傳奇的代表之作,值得以味蕾收藏。

Anchor Brewing

網址:www.anchorbrewing.com
種類:蒸氣啤酒、混合型啤酒
色澤:琥珀色,帶點奶油色的細緻泡沫
香氣:蜂蜜般的甜香和果香
風味:中等酒體,乾淨爽冽,帶有烘焙香氣的苦味
特色:清爽的滋味,是易飲性極佳的酒款

Steve Cukrov / Shutterstock.com

朝日・Super Dry 啤酒

Asahi Super Dry

簡潔爽口的快感

但凡聽到「Super Dry」、「辛口」、「超爽」口感，多數啤酒客都會直接聯想到朝日（Asahi）。沒錯，朝日 Super Dry 可以說是現今日本最受歡迎、最具國民熱度的啤酒。這並非溢美，它的出現不只席捲市場，更改變了日本人喝啤酒的標準和口味。

朝日啤酒的前身是曾經獨霸日本市場的大日本麥酒。因為反壟斷，這間酒廠在二戰後的經濟整頓時期被拆分為日本的札幌啤酒和西日本的朝日啤酒。原本落後的麒麟啤酒因此趁勢崛起，佔據大半市場。在 1980 年代前期，朝日啤酒的業績只剩 9%；直到 1987 推出 Super Dry，才將這個狀況徹底逆轉。

「辛口」與「甘口」原是日本酒的用語。大吟釀、純米大吟釀的酒款背標都會標示「日本酒度」，「＋」正記號是辛口，「－」負記號是甘口。「甘口」指的就是中文的「甜」，至於「辛口」則相對於甘口，是不甜的意思，倒未必像字面那樣會有辛辣味。像這款 Super Dry，喝下去的感覺就是不甜膩、超直爽，一點也不覺辛辣！

Super Dry 問世之後，成了日本特有的新口味，也帶來一種品味新思維。當大家總是追求著味覺的層次及香氣的變化，它的出現讓大家知道俐落直接的爽快，更能讓人放鬆愉悅。一口接一口，無法抵擋。

Asahi

網址：www.asahisuperdry.com
種類：拉格
色澤：乾淨而帶有純度的金黃色
香氣：清爽不累贅的麥芽味
風味：直爽而暢快的輕盈口感，清冽回甘
特色：清爽百搭，特別適合口味清淡的食物

漁痴・大頭魚 IPA 啤酒

Ballast Point Sculpin India Pale Ale

釣客玩出的個性風味

在美國，雖然少有原生啤酒類型，多半是模仿歐洲既有的酒種，但卻多半展現出大膽創新的性格，隨著時代演進，也成就了自己獨特的風味。漁痴（Ballast Poin）釀酒廠是典型的代表。

其創始者傑克・懷特（Jack White），從大學時期開始接觸到精釀啤酒，便有了開創自釀啤酒事業的想法。1992 年，他和他的大學室友沛特（Pete），在加州聖地牙哥（San Diego）先創立了家釀超市（Home Brew Mart），釀酒人們常常在此進行交流，蒐集釀酒原物料。

1966 年，沛特取得了釀酒證照後，尤瑟夫（Yuseff）也加入，三人在家釀超市的後側房間，創立了漁痴酒廠。因為他們喜歡釣魚，不僅廠名和釣魚有關，連產品也以魚種命名。酒名也不斷地提醒他們，自己一直在做自己所愛的事。

這款以「大頭魚」命名的，是酒廠代表性啤酒，也是該廠一炮而紅的首釀酒款，在眾多啤酒評分網站上，都有很不錯的排名。其酒質較輕，柑橘、芒果等熱帶水果的風味均衡了印度淡色愛爾啤酒（IPA）的苦韻，開瓶後雖沒有特殊的香氣，但在口中變化層次豐富，末段不僅能嚐到麥芽的香，喉頭還會湧現乳脂感。就像是大頭魚在魚鰭上有毒刺，魚肉卻被視為佳餚那樣，帶來獨特的味覺體驗。

Anchor Brewing

網址：ballastpoint.com
種類：蒸氣啤酒、混合型啤酒
色澤：琥珀色，帶點奶油色的細緻泡沫
香氣：蜂蜜般的甜香和果香
風味：中等酒體，乾淨爽冽，帶有烘焙香氣的苦味
特色：清爽的滋味，是易飲性極佳的酒款

波羅的海 9 號啤酒

○

Baltika 9

啤酒中的伏特加

對於戰鬥民族俄羅斯人來說，啤酒是一種很微妙的飲品。在 2011 年之前，人們覺得它根本算不上是酒，因為根據當時法律規定，含有低於 10% 酒精的物質都會被視為糧食，許多俄羅斯人根本是將啤酒當水喝。後來，酗酒問題越來越嚴重，政府才在 2012 年開始將啤酒正式升格成酒精飲品加以管理。

儘管伏特加是俄羅斯的國酒，不過近年來俄羅斯人更喜歡啤酒，其中尤其以波羅的海啤酒廠最為知名。波羅的海啤酒公司成立於 1990 年，屬於俄羅斯啤酒品牌，總部位於俄羅斯聖彼得堡，擁有五家大型現代化啤酒廠，先進的設備及技術堪稱領先全國。

旗下的啤酒按種類不同分為 0 至 9，每個數字代表一種啤酒，且各自還延伸出不同的口味。官網上可以根據愛爾、黑啤、皮爾森、淡啤等不同種類挑選，並且用自己想要的酒精濃度來篩選。其中 0 號的啤酒是無酒精啤酒，運用透析技術將酒精降低至 0.5%，特別適合不擅飲酒的女性。

9 號的烈性啤酒堪稱是最知名的代表作。其具有 8% 的酒精含量，麥汁濃度 16.5%，是酒廠裡酒精濃度最高的酒款，辛香衝腦的品飲體驗非常特別，被稱為是「啤酒中的伏特加」。要特別注意的是，8% 酒精濃度的啤酒，已經非常易醉，宜適量飲用。否則隔天醒來可是會宿醉頭痛喔！

Baltika

網址：corporate.baltika.ru
種類：烈性啤酒、拉格
色澤：淺黃色
香氣：帶有焦糖、麵包和麥芽氣息，及鮮明的辛香
風味：酒體偏薄，略帶苦度，辛辣中帶著香氣
特色：屬於烈性啤酒，應適量飲用

Steve Cukrov / Shutterstock.com

貝爾黑文・蘇格蘭愛爾啤酒

Belhaven Scottish Ale

經典蘇格蘭風情

貝爾黑文（Belhaven）啤酒廠是蘇格蘭現存最古老的啤酒廠。座落於歷史古都東洛錫安郡（East Lothian）的丹巴爾（Dunbar），被連綿起伏的大麥田圍繞著，距離愛丁堡僅四十多公里。此地是一個帶有漁港的自治市，歷史上曾發生過數場著名的戰役，自古即擁有重要的戰略地理位置。

啤酒廠歷史最早可以追溯到 1719 年，這是因為，那一年丹巴爾對釀酒商徵收地方稅以資助建設，而酒廠的位置恰恰在當時地方管理的範圍之外。因此，1719 記錄的可能是企業的搬遷而非創立，事實上酒廠的歷史可能更久。三百多年以來，酒廠的專業釀造團隊，堅持著傳承自先人的熱情，以特有的傳統方式，採用百分百的蘇格蘭麥芽大麥、在地新鮮泉水以及獨門酵母，釀造出的啤酒十分具有蘇格蘭風味的經典啤酒。

這款貝爾黑文蘇格蘭愛爾啤酒，精選頂級蘇格蘭大麥，創造出太妃糖與焦糖的香氣，並以黑麥芽的澀味讓味覺更加均衡。挑戰者（Challenger）及戈爾丁斯（Goldings）兩款獨特的啤酒花，則賦予了新鮮的草本調性與清爽的苦味，和麥芽的甜美交融。

寶石般的深紅色酒體，透著琥珀一般的光澤，單薄易散的泡沫，口感格外細緻柔順，盛杯之後宜第一時間飲盡，才能把握時機嚐到最佳口感。

Belhaven

網址：www.belhaven.co.uk
種類：英式愛爾
色澤：寶石紅色
香氣：麥芽味重，太妃糖與焦糖香
風味：口感柔和圓潤，微苦回甘，泡沫消融快
特色：適合佐餐，可中和油膩口感

峇里島星星・皮爾森啤酒

Bintang Bir Pilsener

島嶼假期的良伴

　　峇里島位於印尼西南方，位置非常靠近赤道，和南半球澳洲隔著印度洋相望。此地屬熱帶島嶼型氣候，有著得天獨厚的自然環境，不但一年四季都很溫暖，而且夏季受到來自南半球澳洲寒風的吹拂，所以即使豔陽高照，溫度卻十分宜人。因此，全年都有來自世界各地的旅客到此地度假。

　　沙灘、海洋與美食，假期裡不可或缺的，當然還有啤酒！峇里島星星（Bintang）是當地最知名的啤酒品牌，瓶身上有著一顆紅色的星星，非常好認。當觀光客入住飯店，到附近的超市為接下來的假期採購用品，這啤酒可是被列為必買清單之一呢！

　　其外型和海尼根有些相似，不明究理的人，容易把它誤會為仿冒產品，其實並非如此。啤酒廠創建於荷蘭殖民印尼的時期，1929 年開始建造，1931 年正式營運。1949 年印尼獨立之後，酒廠曾一度更名為「海尼根印尼啤酒公司」，1957 年它被印尼政府收回管理，到了 60 年代算是恢復營運，才正式更名為現在的名稱。因此，它和海尼根還真是系出同門呢！

　　這款皮爾森啤酒採用精選原料和現代化釀製，儘管價格低廉，味道卻具有一定的水準。輕盈的酒體，散發獨特的酒花香氣，沒有什麼苦澀味，喝起來相當的輕盈順暢。在炎熱的天氣中，搭配印尼在地帶有辛辣味的食物，格外醒神爽口。

Multi Bintang

網址：multibintang.co.id
種類：皮爾森啤酒、拉格
色澤：清澈淡黃色
香氣：微苦的草本香氣，略帶木質餘味
風味：酒體輕盈，清淡順喉
特色：適宜飲用溫度為 7℃

Marc Venema Shutterstock.com

莫雷帝啤酒

○

Birra Moretti

義大利精品風味

比拉‧莫雷帝（Birra Moretti）位於義大利，是一間擁有一百多年歷史的酒廠。廠址位於烏第內（Udine），此地自新石器時代以來便有人居住，上千年的石牆在這裡留下遺跡，奧地利統治時期的軍隊大炮，至今仍放在廣場上，是個具有悠久傳統的古城。

當此地仍在奧地利帝國轄下時，時值 37 歲的路易吉‧莫雷帝（Luigi Moretti），滿懷著未來的雄心壯志，在動蕩不安的 1857 年中創立了它，專營製作冰塊與釀製啤酒的生意。路易吉‧莫雷帝出生於富庶的商人家庭，自小便對穀物、葡萄酒、烈酒及各種食物有著超越常人的瞭解與品味，在他的主導下第一瓶莫雷帝於 1860 年夏天問世。

不過，其瓶身標籤上的老紳士並不是創辦人，而是後代經營者於 1942 年在烏第內某家餐廳偶然遇見的路人。這位男士看來相當誠實，形象非常符合莫雷帝訴求的可靠形象，廠方於是向前徵詢其留影作為品牌商標的意願。據說，這位男士當場一口答應，還要求再來一杯莫雷帝啤酒。

莫雷帝啤酒採用傳統方法釀製，其配方自一百多年前沿用至今，從沒有變過。精挑細選的頂級原料，並以獨特的啤酒花配方，創造獨一無二的味道和香氣。可說是最具當地風格的義大利啤酒，獲得義大利百大精品品牌排名最佳啤酒。

Birra Moretti

網址：www.birramoretti.com
種類：拉格酵母低溫發酵、淡拉格
色澤：淺黃色
香氣：淡淡柑橘香氣
風味：酒體輕盈，苦味突出，鮮明的玉米與麥芽風味
特色：暴露於空氣中味道會變重

DenisIMArt／Shutterstock.com

010

德國

4.8%

碧柏格‧頂級大麥啤酒

Bitburger Premium Pils

綿密持久的酒帽

碧柏格（Bitburger）由約翰‧彼得‧瓦倫伯恩（Johann Peter Wallenborn）於 1817 年在德國比特堡（Bitburger）創立，至今已有兩百多年的歷史。其旗下產品，按照德國純度法，以最謹慎、最高質量和最好的原材料釀造，是德國啤酒前三大暢銷品牌之一。

儘管遵循古法，但廠方始終在釀酒技術上，不斷追求突破。1883年，啤酒廠釀造出第一支採用底層發酵的皮爾森啤酒；1909 年，正式採用地下 100 公尺的水源來釀製啤酒；1910 年，更採購了可以隔絕熱源的火車車廂，以確保長程運送下的啤酒品質。一次又一次的革新，都讓碧柏格更加聲名遠揚，收服更多挑剔的味蕾。

酒廠採用來自三疊紀窪地的高品質深源水、高品質大麥麥芽及天然酵母，並以來自鄰近霍爾斯圖姆（Holsthum）及哈樂桃（Hallertau）的啤酒花增添風味，釀造出德國最受歡迎的生啤酒，在全球七十多個國家的五萬多家酒吧、餐廳和酒館供應。

碧柏格頂級大麥一開瓶，就能聞到帶著青草味的萊姆氣息，接著麥芽糖等穀物的調性更顯突出。它的含氣量中等，但酒帽頗為豐富，綿密的口感十分溫潤。雖然酒色頗淺，酒精也不高，但是味道卻很厚實呢！

Bitburger Braugruppe

網址： www.bitburger-international.com
種類： 皮爾森
色澤： 稻草黃色
香氣： 萊姆皮、青草味及些許辛香
風味： 酒體中等，氣泡感溫和，酒帽豐滿持久
特色： 於 5℃至 6℃飲用

Daria Medvedeva/Shutterstock.com

藍月白啤酒

Blue Moon Belgian White Ale

清新橙香，舒適爽口

對於不懂得陰曆閏月的歐美人來說，每月通常只會有一次滿月，但每隔兩三年就會多一次滿月，是很特別的天象，這個額外的滿月被稱為「藍月」（Blue moon）。因此，藍月常被隱喻為不常發生的事件。而這款以「藍月」為名的啤酒，最早來自1995年創立於美國丹佛市（Denver）庫爾斯球場（Coors Field）的沙地（Sandlot）啤酒廠，本來叫做「滑壘打擊」（Bellyslide Wit）。直到人們說：「這麼好的啤酒只有藍色月亮才能出現一次」，才開始被稱為「藍月」。

現在，藍月白啤酒是美國精釀白啤酒銷售第一品牌。白啤酒與一般啤酒最大的不同，在於麥芽含量超過50%以上均為小麥，口感清甜，裝瓶前大多未過濾酵母，因此保有啤酒酵母的風味。而這款藍月白啤酒，還使用了西班牙瓦倫西亞盛產的柳橙的橙皮，以及俗名香菜的芫荽來調味，所以不僅口感綿密，而且有著爽口的柳橙清香。

一般飲用啤酒，搭配檸檬切片是最佳飲用法則，然而這款藍月白啤酒搭配柳橙切片一同飲用，則風味更佳。其清爽輕盈的口感，搭配起亞洲重口味的菜餚特別合適，像是烤蝦、醃製雞肉、泰式炒河粉等等。下回和朋友吃燒烤、熱炒或泰式料理，不妨試試看這一味！

Blue Moon

網址：www.bluemoonbrewingcompany.com
種類：愛爾白啤酒
色澤：鮮明的黃橙色
香氣：甜橙果香與輕盈麥香
風味：水果的清甜伴隨純正愛爾苦味，入喉不澀，更覺清爽
特色：搭配柳橙切片飲用風味更佳

DenisMArt／Shutterstock.com

比利時

7%

巴肯尼紅愛爾啤酒

Boucanier Red Ale

均衡宜人，俐落乾爽

　　獨眼的凶悍海盜張開口微微笑，露出剩沒幾顆的牙齒，這充滿滑稽感的插畫包裝，讓人看過一眼就印象深刻。「巴肯尼」（Boucanier）一詞源自於法文「boucan」，它是一種特別的古代燒烤方法。名為伊斯帕尼奧拉（Hispaniola）的島嶼上，聚集了來自四面八方的海軍逃兵，組建了第一批加勒比海的海盜，他們以率性的燒烤大快朵頤，並搭配萊姆酒或口感濃烈的啤酒。「Biere du Boucanier」系列的誕生，就是以此為靈感。

　　這款充滿趣味與故事性的啤酒發行於 1966 年，半個世紀以來由比利時精釀啤酒廠范斯坦伯格所釀造。酒廠成立於 1784 年，悠久的歷史中，以產出高品質的啤酒而聞名。廠方採用嚴格的比利時傳統釀造工藝，以廠區內天然的井水，搭配專屬酵母，以釀製出最自然的風味。

　　紅愛爾是巴肯尼非常暢銷的一款，屬於很經典的比利時淡色愛爾啤酒。曾在 2020 年在加州舊金山舉行的啤酒評級中獲得銅牌，受到國際鑑賞家的喜愛。它的酒精含量中等，口感圓潤而乾爽，餘韻固然不長，但非常平衡和諧，口味非常的大眾化，無論是直接飲用或作為開胃酒，都非常的美妙。

　　如果你要和親友聚餐，想要挑選一款有品味的啤酒來佐餐，那麼這款擁有琥珀光澤的啤酒，一定可以帶來賓主盡歡的夜晚。

Van Steenberge

網址： www.biereduboucanier.be
種類： 比利時淡色愛爾
色澤： 帶光澤的琥珀色
香氣： 柑橘果香與啤酒花氣息，帶煙燻感
風味： 酒感強勁，但口感溫和清爽，中等苦韻，尾韻清甜
特色： 建議於 8℃至 12℃飲用

barinart./Shutterstock.com

釀酒狗．龐客 IPA 啤酒

BrewDog Punk IPA

顛覆精神，平易近人

　　釀酒狗啤酒廠（Brewdog）位於蘇格蘭東北角，由詹姆斯瓦特（James Watt）與馬丁迪奇（Martin Dickie）於 2007 年所創立。因為厭倦於工業化產製的啤酒，決心自己投入精釀啤酒事業。從弗雷澤堡（Fraserburgh）小小的租賃倉庫起家，以各種創新、顛覆而風格強烈的啤酒，在酒客裡打響名號。

　　釀酒狗的產品，口味新穎、製程複雜，不但努力超越自己的極限，更總是超越人們的期望與想像。像是酒精濃度超低或酒精濃度超高的啤酒，甚至是 32%、40%、55% 的酒，可以超越伏特加，甚至直逼高粱。同時，廠方也致力於維持良好的品質，以新鮮天然的成分為原料，不經過加熱殺菌及使用任何防腐劑、添加劑。

　　這款擁有金黃色澤的龐客 IPA 啤酒，是最經典的旗艦商品。以蘇格蘭麥芽融合紐西蘭啤酒花，入口可感受到濃郁的熱帶果香夾帶悠悠的焦糖甜，苦韻也不會太過搶戲。上市至今，它的配方經過多次調整異動，不僅酒精濃度從 6% 調降至現在的 5.6%，它的香氣也從荔枝與百香果的主調，轉變為檸檬與柑橘的風格。富有前衛的挑戰精神，口感卻非常平易近人。

　　2020 年，釀酒狗得到共益企業（B Corp）的認證，致力於將更多的獲利協助於建立更美好的世界。在他們的產品裡，你喝到的不只是啤酒，更有屬於新世代的態度與精神。

BrewDog

網址：www.brewdog.com
種類：印度淡色愛爾
色澤：金黃色澤
香氣：以檸檬、柑橘及蜂蜜為基調，帶白胡椒辛香
風味：中等酒體，酸度適中，入口有甜感與苦感，餘韻乾爽
特色：酒帽消散快，盛杯後宜儘早飲用

DenisMArt／Shutterstock.com

三號噴泉‧
自然發酵櫻桃酸啤酒

Brouwerij 3 Fonteinen, Oude Kriek

酸啤酒混釀教科書

三號噴泉啤酒廠（Brouwerij 3 Fonteinen）是比利時碩果僅存的幾間酸啤酒（Gueuze）調配廠之一，成立於 1887 年，至今已擁有上百年的歷史。它位於布魯塞爾（Beersel）附近，最初是咖啡店與調酒坊，還於1982 年擴建成有規模的餐廳。曾六度被提名諾貝爾文學獎的作家赫爾曼‧泰林克（Herman Teirlinck），其組織文學同好的「米約爾俱樂部」（The Mijol Club）就常在這裡聚會。

而今，三號噴泉的酸啤酒已是世界酒客心目中最經典滋味。過去，這間小酒廠也曾歷經波折、數度易主。直到現今的酒廠主人德貝爾德家族（De Belder）在 1953 年買下酒廠，並在這個家族的第二代釀酒師阿爾蒙（Armand）手中，將釀酒事業發揚光大，這個品牌才走入更多啤酒愛好者的視野。

在當地，阿爾蒙被稱為混釀教父。其採用 100% 自主發酵的蘭比克（Lambic）為基酒，不加糖，也沒有其他添加物，單靠橡木桶的陳放，來培養風味。一般來說，由於製程經過二次發酵，所以啤酒酸味強勁，一般釀酒師常常會加糖或添加劑來綜合強烈的酸味。阿爾蒙對於純粹的堅持，使得三號噴泉成為許多酒鬼心中的經典滋味。

雖然很多人會覺得，酸啤酒喝起來一點都不像啤酒，但最上等的酸啤酒卻堪稱是世界上最值得一嚐的飲品。這款啤酒就是其中之一！

Brouwerij 3 Fonteinen

網址：shop.3fonteinen.be
種類：蘭比克、酸啤酒、香檳啤酒
色澤：深澄卻透亮的琥珀色
香氣：多層次清新果香
風味：酒體清爽，泡沫細緻
特色：於 4℃ 至 8.5℃ 飲用，風味最佳

美國
4.2%

百威淡啤酒
○
Bud Light

低卡清淡，依舊迷人

一直以來，行銷全球 80 多個國家的百威啤酒（Budweiser），有著「啤酒之王」（King of Beer）的稱號。但是近年來，這位啤酒界的老大哥，卻受到自家小弟的挑戰。隨著對於健康觀念的重視，偏好清淡口味的消費者越來越多，讓淡啤酒大行其道。1982 年推出的百威淡啤，從 2001 年以後就成為百威的主力品牌。

淡啤酒，一般又稱為儲藏啤酒，最初是由德國所釀造，一種含啤酒花相對較少的酒款。和傳統啤酒相比，淡啤酒不僅酒精濃度稍低，而且含有較少的非發酵性糖，可以少掉三分之一的卡路里。對於重視身材管理的現代人，是一個負擔較少的選擇。

雖然，百威啤酒失去了王者頭銜，但是榮譽並沒有落在別家，百威淡啤酒依舊是消費者喜愛的首選。在 2018 年「啤酒行銷見解」（Beer Marketer's Insights，BMI）的數據顯示，百威淡啤酒仍領先其他品牌的淡啤酒，如酷爾斯淡啤酒（Coors Light）及美樂淡啤酒（Miller Lite）。

打開深藍色的瓶身，將啤酒倒入杯中，你可以感受到這款啤酒的魅力。濃密泡沫，清澈淡色酒體，第一口的口感是清爽順口，幾乎感受不到麥香與酒花香，取而代之的是米的香甜。在夏天，它是爽口解渴的絕佳選擇！

Anheuser-Busch

網址：www.budweiser.com
種類：愛爾啤酒
色澤：清透的金黃色
香氣：清淡的玉米香甜
風味：清爽順喉，酒花的味道幾乎沒有
特色：泡沫消散較快，盛杯後宜儘快飲盡

Ben Gingell／Shutterstock.com

百威啤酒

Budweiser

21 天熟成，王者之味

百威啤酒（Budweiser）是安海斯・布希啤酒廠（Anheuser-Busch）旗下的主力產品，擁有一百多年歷史，行銷全球八十多個國家，寫下美國歷史上第一個銷售範圍遍布全美的紀錄，並於 2020 年被富比士評價為全球最有價值酒品牌。其受歡迎程度更獲得「啤酒之王」（King of Beer）的美譽！

安海斯・布希啤酒廠誕生於 1852 年的聖路易斯市（St. Louis），1860 年由肥皂製造商艾伯哈德・安海斯（Eberhard Anheuser）接手，並將女婿阿道弗斯・布希（Adolphus Bush）招至麾下。在布希的領導下，百威啤酒於 1876 年問世，為保證啤酒口味的新鮮，率先在啤酒釀造中採用了巴氏殺菌法，並啟用人工冷藏技術和鐵路冷藏運輸。百威能廣泛地銷售至美國各地，布希功不可沒。

百威採用美國在地嚴選最高級的二條、六條大麥麥芽，搭配玉米澱粉和米及獨特啤酒花釀造。過去，釀造的最後階段，會注入櫸木桶中陳放，但到了現代，這樣的步驟已經不是必須。不過，百威仍堅持在 21 天的醇熟過程裡，在桶中加入大量櫸木，以長達 30 天的釀造，創造經典的百威口感。

雖然酒花香氣不鮮明，但飲用時你可以感受到酒體中，米釀酒的清甜與後勁，是獨特的順暢清醇口感。

Anheuser-Busch

網址：www.budweiser.com
種類：美式拉格
色澤：清澈金黃色
香氣：柑橘與玉米的清甜
風味：中等氣泡，輕質酒體，味道偏甜
特色：最宜於 8℃ 至 10℃ 飲用

康迪龍‧酸釀啤酒

Cantillon Gueuze

果香與木質香的完美結合

1900 年，保羅‧康迪龍（Paul Cantillon）和妻子瑪麗‧特洛克（Marie Troch）在比利時布首都布魯塞爾火車站南站附近設立了啤酒廠。康迪龍家族早在 18 世紀初年，便在蘭比克（Lembeek）地區從事釀酒工作，而瑪麗所屬的特洛克家族，也有不相上下的釀酒歷史。儘管兩人皆有深厚的家族淵源，但康迪龍酒廠剛成立時並不自己釀酒，而是向其他酒廠購買原酒進行調和。直到 1937 年之後，第二代兄弟接管，才開始自己的釀造事業。

百年來，康迪龍酒業命運多舛。二戰期間，第二代經營者被徵召入伍，酒廠不僅缺乏穀物，設備更遭到沒收無法運作。1947 年，遇到熱浪侵襲，使得熟成中的酒瓶爆裂，損失大量藏酒。1960 年代起，傳統味的酸啤酒逐漸失去支持者，一度讓經營者萌生關廠的念頭。1970 年代開始，在一系列的整頓之下，銷量才逐漸有起色，甚至以其正宗傳統口味，吸引許多愛好者。

這款酸啤酒是酒廠的主力產品，使用一至三年的原酒調和，經過二次發酵而成，釀製出經典的濃郁口感。飲用時除了鮮明的酸味，更可以聞到木桶的香氣，在令人目不暇給的比利時啤酒中，是無可取代的獨特風味。包裝瓶身上，尿尿小童的酒標非常好辨認，讓你一眼就可以辨識出這款屬於布魯塞爾的難忘滋味。

Cantillon

網址：www.cantillon.be
種類：自然酸釀啤酒、香檳啤酒
色澤：渾濁的霧黃色
香氣：濃郁果香及木質香氣
風味：豐富的風味變化，餘韻悠長縈繞
特色：適合於 15℃ 時飲用

andreaanyal／Shutterstock.com

CANTILLON

Brewers of Belgium's Most Authentic Lambic

Gueuze 100% Lambic Bio

The Brussels' Gueuze

嘉士伯皮爾森啤酒

Carlsberg Pilsner

淡然麥香，草本氣息

成立於 1847 年的嘉士伯（Carlsberg），是世界第四大啤酒製造商，其總部位於丹麥首都哥本哈根（Kobenhavn）。從 1987 年起，這款啤酒便開始在台灣銷售，多年來深受啤酒愛好者所支持，是台灣最受歡迎的進口啤酒品牌之一。它不僅是丹麥皇室長達一世紀以來的指定品牌，也被譽為「可能是世界上最好的淡啤酒」。

嘉士伯酒廠的創辦人雅各布森（JC Jacobsen）是位狂熱的藝術收藏家，不但擁有雄厚的財力，更有細膩獨到的品味。他將對於文藝作品的痴狂與挑剔，運用在對於啤酒的釀造上，很快在市場上得到了成功。1868年，嘉士伯向蘇格蘭愛丁堡輸出第一桶酒，開展了外銷之路。

最值得一提的，是雅各布森於 1875 年成立的嘉士伯實驗室，包含化學及生理學部門，用以解決關於釀造的種種科學問題。其不僅製造出了釀製淡啤酒的酵母物種，連化學上常被使用的 pH 值，也是在此地被發展出來的。有一次，廠方在酒窖裡找到陳年的舊啤酒，科學家設法培養並純化了最原始的嘉士伯酵母，更以復刻版的方式，重現了經典的啤酒滋味。

這款採低溫發酵的啤酒，沒有太過鮮明的花香或果香，淡淡的麥芽味與樹葉氣息，搭配細膩而馥郁的氣泡，一入喉的感到沈穩而寧靜。正如嘉士伯一直以來帶給世人的形象，充滿知性的美好。

Carlsberg

網址：www.carlsberg.dk
種類：淡拉格
色澤：輕盈的淡金色
香氣：麥芽與草本香氣，微微礦物感
風味：豐盈大量的氣泡，酒帽消散緩慢，尾韻有樹葉氣息
特色：於 4℃ 至 8℃ 飲用

vengerof／Shutterstock.com

泰象啤酒

Chang Beer

溫潤花香，清甜米味

有句話説：「沒喝到泰象啤酒，就等於沒到過泰國。」講到泰國觀光旅遊，除了陽光、沙灘、海洋，以及奶茶、果汁、煎餅、炒麵等街頭美食，泰象啤酒是絕不能錯過的滋味！好喝祕訣是添加了泰國香米，帶著芋頭味的甜香，讓麥香變得更加濃郁，既不苦也不澀。無論你是不是啤酒愛好者，都可以搭配泰國美食，來上幾口過過癮，不枉曾經到訪這個國度。

泰象啤酒推出於 1995 年，上市後即大獲好評。2003 年，它被東南亞最大釀酒商之一的泰國釀酒（Thai Beverage）所收購，目前的釀製工作則由泰國釀酒旗下的三間酒廠分工，可説是撐起泰國釀酒招牌的旗艦品牌，獲得過不少世界獎項的肯定。

其水源為地下 200 米以上的深水井，汲取出的水質不僅礦物質含量低，且不含汙染物。以進口的大麥、酵母與酒花，搭配在地泰國香米，釀製出帶有淡淡果香與酒花香，不苦澀好入喉的口感。而且，因為特選大麥的蛋白質含量低，所以酒體的成色格外金黃清透。

這是一款充滿質感、香氣與平衡的啤酒，清爽細緻的滋味，即使不是啤酒愛好者，也能充分感受其魅力。你可以率性的開瓶獨酌，或者和三五好友，搭配亞洲風味的菜餚，開懷品飲。大口入喉，經典的泰式風味就讓你一秒沉浸在島嶼的慵懶微風中。

Thai Beverage

網址：www.changbeer.com
種類：拉格
色澤：透光澄澈的金色
香氣：花果香、啤酒花香，與濃郁香甜的麥香
風味：酒體輕盈細緻，味道平衡圓潤
特色：在 4℃ 至 8℃ 時飲用最為完美

奇美藍正統修道院啤酒

Chimay Bleue

濃厚焦香，強勁風味

許多人都是透過奇美，進入比利時修道院啤酒的殿堂。這間座落於比利時啤酒發園地奇美鎮的酒廠，是國際特拉皮斯協會（The International Trappist Association，ITA）認證的正統修道院啤酒。

它隸屬於斯高蒙特聖母修道院（Abbaye Notre-Dame de Scourmont），在奇美王子喬瑟夫二世（Prince Joseph II de Chimay）的資助下，由威斯梅爾（Westmalle）和威斯特雷德倫（Westvleteren）兩位僧侶共同創立，於1862年9月開始釀酒。

奇美藍本是酒廠於1948年聖誕節限定發售的口味，因為推出後大受歡迎，才成為常態型啤酒，並於1982年改為現在的名稱。

這款酒以豐富多層次的果酸香氣著稱，濃厚風味中有著強勁的麥芽香，帶著一絲焦糖和巧克力。它的另一品飲價值在於，隨著陳年的熟成後，它那馥郁的風味會變得更有層次與深度。因此，它的酒標上會顯示生產年份。

此外，隨著溫度的不同，品飲的滋味也各異其趣。在9℃品嚐時，帶有蘋果香，味道偏酸而苦味不明顯；若稍微回溫至12℃，則轉為偏甜味，以帶著柑橘香氣的苦與甜味為主調。一般而言，最建議的品飲溫度為10℃至12℃。

Chimay

網址：chimay.com
種類：正統修道院啤酒
色澤：深棕色，酒緣帶泛紫紅色光澤
香氣：以柑橘調為主的豐富果香，帶些許焦香，杯底梨香
風味：中高度酒體，強勁而內斂，兼顧均衡與複雜
特色：隨溫度不同各有風味，建議於10℃至12℃飲用

andrebanyai／Shutterstock.com

奇美紅正統修道院啤酒

○

Chimay Red

輕柔包容萬象滋味

　　比利時修道院啤酒經典品牌奇美，旗下的紅、藍、白口味號稱啤酒三兄弟，風味各有不同，皆負有盛名。其中奇美紅是歷史最悠久的口味，據說從 1862 年創立之初便已經存在。然而，現今所販售的這款是經過改良的，和早期風味略有不同，是由西奧多（Théodore）神父所調整的配方。

　　和濃郁強烈的奇美藍相比，奇美紅的味道並不那麼豐腴，然而它的輕柔與細緻，均衡的包容了不同層次的香氣，苦味與甜味都不會過於強烈，使得它更適於一般大眾，易於飲用。其酒帽偏薄，氣泡的尺寸小，氣味也不強，卻相當持久。入口時，品得到微微的苦與焦糖香氣；入口後，果香充盈唇齒間；入喉後，蜂蜜與花香的尾韻綿延。味覺的複雜度足夠，但是卻不會過於濃重，令人回味無窮。

　　和奇美藍一樣，它的味道也會隨著溫度的不同，而有所改變。冰鎮飲用時，酒體顯得輕盈，待溫度上升之後，酒體會顯得較為明確。如果溫度變高，則餅乾、焦糖、蜂蜜、乳香、咖啡的調性，會越趨鮮明。官方建議的品飲溫度為 10℃ 至 12℃。

　　值得一提的是，農民製酒的副產品，自麥芽汁過濾分離出的酒糟，會被用來作為飼養牛隻的一等飼料，而日後產出的牛乳，則用來製作成起司。因此，廠方也格外推薦，奇美的啤酒與奇美的起司是最絕妙的搭配。

Chimay

網址：chimay.com
種類：正統修道院啤酒
色澤：桃花心木紅，微濁有沉澱物，杯緣泛紅銅偏橘
香氣：蘋果的果香，帶有可可與堅果氣息，餘韻繚繞
風味：中等飽滿，寡淡的酒感與色度卻透著巧克力的風韻
特色：隨溫度不同各有風味，建議於 10℃ 至 12℃ 飲用

verbaska／Shutterstock.com

可樂娜特級啤酒

○

Corona Extra

街頭啤酒王

　　夜店吧檯上，最常看到的啤酒就是可樂娜，它通常是玻璃瓶裝的。酒保把瓶蓋敲掉之後，多數會在瓶口插上一片檸檬切片。電影玩命關頭系列中，經常在街頭飆車與械鬥的主角唐老大，隨手喝的飲料也是可樂娜。這款墨西哥莫德洛集團（Grupo Modelo）旗下的啤酒，充滿街頭感的印象，深深烙印在許多人的心中。

　　為什麼要加檸檬切片呢？墨西哥龍舌蘭酒的喝法，是啜一口龍舌蘭酒再舔嚐鹽巴及檸檬，讓檸檬的酸味引出酒的香氣。因此，墨西哥人偶爾會順手把檸檬丟進啤酒中，結果發現味道出奇得搭。後來，這樣的喝法跨越邊境，從墨西哥傳到美國，又流行到全世界。

　　可樂娜是當代世界最為知名及銷量最大的啤酒品牌之一，尤其在歐美及紐澳地區，深受年輕人們所喜愛。其採用淺色麥芽及苦味較重的啤酒花，以下層發酵法製成，屬於皮爾森啤酒。微微的樹葉氣息，帶出淡淡的甜味，清新淡雅的氣味，適中而收斂的苦韻，是大眾都能接受的順暢滋味，無怪乎成為街頭文化的代表。

　　2019 年新型冠狀病毒爆發全球疫情，因為和這個可怕的傳染病同名，為了避免造成恐慌，莫德洛集團於 2020 年初宣布暫停生產可樂娜，讓許多忠實粉絲深感遺憾。然而，可樂娜深植人心的經典滋味，怎麼可能輕易消失？相信有一天，這屬於青春的滋味，會重新在街頭活躍起來。

Corona

網址：www.corona.com

種類：皮爾森啤酒、窖藏啤酒、拉格啤酒

色澤：清澈晶透的金黃色

香氣：清新淡雅麥香及穀香，微微草本香氣

風味：酒帽量少且消散快速，有淡淡的甜味

特色：搭配檸檬飲用風味更佳

AlenKadr / Shutterstock.com

科聖東聖潔金啤酒

Corsendonk Agnus Tripel

經得起細品的餘韻

科聖東（Corsendonk）修道院位於比利時北部鄰近荷蘭的帝倫豪特（Turnhout），創建於 1398 年，具有著釀酒廠、磨坊和穀倉等設施。1784 年，來自哈布斯堡王朝的神聖羅馬帝國皇帝約瑟夫二世（Josef II）為了阻止教廷干預政事，下令查禁數千間修道院，迫使這間修道院關閉，於是湮沒於歷史之中。今日，修道院的舊址已經成了觀光旅館。

到了 1906 年，安東尼斯·科爾斯邁克斯（Antonius Keersmaekers）在帝倫豪特建造了釀酒廠，延續了此地綿遠流長的釀酒記憶。又幾經關廠輾轉，由其孫子輩傑夫·科爾斯邁克斯（Jef Keersmaekers）在 1982 年獲得品牌使用權。

現在我們所謂的「科聖東」酒廠，已經和修道院無關了。因此，雖然科聖東啤酒仍以修道院口味標榜，但是屬於商業品牌性質的艾比酒（Abby Ale），並不是正統的修道院啤酒（Trappist）。

這款啤酒特色是採用上層發酵法，通常經過二到三次瓶內發酵，全程手工製作。其酒體呈淡金色，散發著啤酒花的味道，帶有香料和水果的香氣。入口有淡淡蜂蜜味，以及辛辣味，接著是麥芽帶來的酸澀感，最後是酸甜中帶了啤酒花的苦澀，餘味中回味均衡的苦味。

Corsendonk

網址：www.corsendonk.com
種類：艾比酒
色澤：淡金色
香氣：明顯的香料味，以及淡淡的麥芽香
風味：優雅的辛辣，略帶酒花味道，後韻帶些許苦勁
特色：搭配海鮮，風味絕佳

Nikolay Korolkov／Shutterstock.com

Brewed and
bottled in
Belgium

Corsendonk®

半月 · 布魯日小丑金啤酒

De Halve Maan Brugse Zot

中世紀小鎮的經典啤酒味

　　名列世界文化遺產的城市布魯日（Brugse），因為躲過兩次世界大戰的摧殘，讓中世紀的城市街景，被保存了下來，是遊客到訪比利時的時候最不能錯過的熱門景點。這裡曾以啤酒聞名並擁有眾多釀酒廠，但隨著時代的變遷，酒廠還是抵擋不住歷史洪流而一一倒閉。

　　只有半月啤酒廠始終屹立不搖，認真說起來，酒廠的歷史已經有五百年了。早在 1546 年，文獻便記載了酒廠的存在，直到 1856 年當地釀酒家族才在原址成立了半月釀酒廠，經歷了 150 多年後，成為布魯日僅存的一間啤酒廠，現在由家族第六代經營。為了避免卡車穿過布魯日狹窄的鵝卵石街道，對於路面造成傷害，酒廠還在 2016 年建造了三公里長的管道，直接把啤酒輸送到裝瓶廠。管道穿過城市，所屬地被經過的市民，能獲得免費啤酒配給的回饋。

　　布魯日小丑是半月啤酒廠的經典酒款，它的釀造配方十分獨特，使用了四種麥芽以及兩種香氣濃郁的啤酒花釀造，並且讓酒液在瓶中持續發酵，金黃色酒液夾帶著細膩綿密的泡沫，淡淡的柑橘香味以及香料氣息，各種味道均衡相容，口感極有深度。

　　位於世界知名的觀光勝地，這間啤酒廠也成為知名的打卡地點，還附設餐廳與酒吧。酒廠開放大眾參觀，並提供導覽行程，帶遊客深度瞭解啤酒生產的各個流程。沒嚐過布魯日小丑，可別說自己到過布魯日！

De Halve Maan

網址：www.halvemaan.be
種類：比利時黃金愛爾
色澤：金黃色
香氣：果香及柑橘香
風味：香味濃郁，苦味低，層次豐富
特色：氣泡生成快速，盛杯時宜留心

Jarretera／Shutterstock.com

德蘭・苦戀啤酒

De Ranke XX Bitter

和苦味來場戀愛

　　喜愛啤酒的苦味嗎？那麼這款口味獨特的比利時啤酒，千萬別錯過！德蘭酒廠（De Ranke）出品的苦戀啤酒（XX Bitter），在名稱上直白的告訴你：「我超級超級苦！」（extra extra bitte）那沉重且獨特的苦味，夾雜著草本和麥芽的香氣，顯得韻味十足，讓人深思不已。的的確確地，用舌尖和苦味來了一場戀愛。

　　位於比利時西弗蘭德省（West Flanders），德蘭酒廠創立於 1996 年，創立者是尼諾・巴塞勒（Nino Bacelle）。這間酒廠擁有美國精釀酒廠瘋狂的實驗室精神，同時也有著堅守比利時傳統的意志，非常勇於創新，釀出新一代比利時風格。

　　從 1980 年代開始，因消費市場改變，比利時許多獨立的中小型酒廠逐漸消失。這段時間，許多優秀的酒廠進行啤酒改良，使得苦啤酒變得非常甜，卻逐漸喪失了傳統的獨特風味。在這樣的前提之下德蘭酒廠努力製作出優秀的苦味啤酒，採用傳統的釀造方式，且過程中不使用添加劑，確保呈現出最耐人尋味的苦韻。

　　雖說強調苦味，但剛入口的時候，你可以感受到強烈的鳳梨香氣與甜甜蜂蜜味，苦味在入喉之後才會湧上，從舌頭後端強烈作用，在口腔久久縈繞不去。這先甘後苦的變化，真是刻骨銘心，久久難以忘懷。

De Ranke

網址：www.deranke.be
種類：印度淡色愛爾、苦啤酒、比利時風格
色澤：帶著混濁感的黃色
香氣：草本與鳳梨香氣
風味：入口有蜂蜜香甜，隨後強勁苦味湧上，尾韻綿長
特色：適飲溫度是 10℃ 至 15℃

粉象迪力比利時三麥金啤酒

Delirium Tremens Belgian Blond

大膽風格，個性風味

琳瑯滿目的比利時啤酒中，那一瓶最為搶眼？如果架上有一瓶粉象迪力，那你絕對忽視不了它。白色陶瓷瓶身、粉藍色錫箔紙，搭配充滿趣味的粉紅色大象插畫，總能勾起酒客們心中的童心，忍不住多看一眼。然而，它的原文「Delirium Tremens」，卻是「震顫譫妄」的意思，專指戒酒引起的精神狀況，包括幻聽、幻覺、激動、迷失等等。極致可愛與高度瘋狂的搭配，是大膽又充滿個性的包裝。

被酒迷稱為「粉紅象」的這款酒，是休伊（Huyghe）啤酒廠在 1989年推出的熱門酒款。早在 1654 年，這間酒廠便已經在比利時的梅勒（Melle）進行釀造，1932 年里昂・休伊（Leon Hyghe）在小鎮上工作近30 年後買下了它，並開始自己的釀酒事業。

剛開始，酒廠釀造以清爽順口的拉格啤酒為大宗，也非常受歡迎。但到了 1970 年，人們開始對拉格啤酒感到疲乏，酒廠的生意開始下滑。也因此，才讓他們積極開發新酒款，而創造出這款以三種不同麥芽釀造出來的「粉紅象」。

粉紅象的特色是在釀造的過程中，加入了三種不同的酵母，創造出獨特的風味。雖然外型可愛，但喝起來卻是個性十足，綿密的酒泡之下，是酒精濃度高達 8.5%，微微嗆辣的酒體。入口後，舌尖與口腔會感到略微溫熱，接著湧入滿滿的花果香。這迷人的震顫譫妄，你也想試試看嗎？

Brouwerij Huyghe

網址：www.delirium.be
種類：比利時淡啤酒
色澤：淡金色
香氣：直爽辛辣，花果香，略帶麥芽味
風味：酒泡綿密，有微微的嗆辣感，餘味乾而持久
特色：酒精濃度較高，宜適量飲用

andrebanyai／Shutterstock.com

63

杜塞吉・特級拉格啤酒

Dos Equis Lager Especial

中性風味，百搭調酒

杜塞吉雙 X 拉格啤酒是一款具有很高知名度的墨西哥啤酒，在美國德州、加州、佛州、新墨西哥州、夏威夷等地的超市架上，可以很輕易得發現。許多人到美國旅遊時，一時興起買了一罐，便被那順喉爽口且豐盈滑順的口感給征服。直到回國，依然念念不忘。

它有著德國拉格啤酒的正宗血統。1890 年，德國人威廉哈斯（Wilhelm Hasse）移民至墨西哥，並在此地創立了莫克提蘇馬（Moctezuma）啤酒廠。莫克提蘇馬是阿茲特克人的最後一位領袖，他統治著這塊目前被稱為墨西哥的土地，一度稱霸中美洲，最後為西班牙所征服，導致帝國滅亡。威廉推崇他的大膽精神，所以以其來命名。

杜塞吉特級拉格啤酒是一款金色的皮爾森啤酒，屬於淡色拉格啤酒。它採用了純淨的泉水和上等的啤酒花，混合了麥芽、玉米糖漿與香料，達到一種微妙的大地調性。雖然沒有特別與眾不同的香味，但平衡的風格與流暢乾淨的收尾，再加上豐盈的泡沫。很能契合大眾口味，聚餐聊天時，一杯接著一杯暢飲下去。

品味這款啤酒不只可以單喝，搭配龍蛇蘭、柑橘鹽、果汁、薄荷葉等等，中性清爽的基調讓它可以調製成五花八門的雞尾酒，深具中美風情。在官方網站，提供了各式各樣的酒譜，有興趣的酒友，不妨上去查詢，感受百變的墨西哥滋味！

Moctezuma

網址：dosequis.com

種類：拉格（窖藏）、皮爾森

色澤：透明淺金黃

香氣：玉米香及麥香

風味：豐富的泡沫，酒體清爽輕盈，口感清新

特色：做成調酒，風味更多變

女皇爵黑啤酒

Duchesse de Bourgogne

桶陳混釀，紅酒風味

這是一款出自比利時的啤酒，為什麼卻以法國紅酒產地勃根地為名呢？所謂「Duchesse de Bourgogne」，它的意思是「勃根地女公爵」，指的就是以芳齡二十歲就繼承勃根地公國的瑪麗（Marie）女公爵。勃根地當年的版圖很廣，也包含今日的比利時，而瑪麗就是在布魯塞爾出生的，因此深受比利時人的愛戴。

生產這款啤酒的佛赫森啤酒廠（Brouwerij Verhaeghe Vichte）位於比利時西法蘭德斯省（Provincie West-Vlaanderen）。它成立於 1885 年，是一個家族代代相傳的精品酒廠，至今已經有超過百年的歷史了。它在很早的時候，就比同時期的比利時酒廠，關注更大的市場，以鐵路銷售至布魯塞爾（Brussel）。也許是這樣的遠見，讓它度過許多時代的考驗，在停產等種種波折過後，繼續製造著品質優良的啤酒。

酒如其名，女皇爵黑啤酒的風味，也有著貴族一般的風範。由釀酒師將在橡木桶中熟成 18 個月的老酒和 8 個月的新酒混合而成，帶有濃郁的果香，入口滑順有著紅酒的丹寧酸微澀口感，酒體厚實層次豐富，具有明顯的酸度。混著濃密的泡沫入口，香濃馥郁的滋味，相較於品味紅酒，另有一番獨特的風情。說它是啤酒中的紅寶石，一點都不為過！

Verhaeghe

網址： www.brouwerijverhaeghe.be
種類： 紅色酸愛爾、上層發酵
色澤： 紅酒一般的暗紅色
香氣： 強烈的葡萄香氣及果香
風味： 酒體厚實，帶甜美紅葡萄風味
特色： 可搭配起司或海鮮

Keith Homan／Shutterstock.com

杜瓦三麥金啤酒

Duvel Belgian Golden Ale

層次豐富，經典滋味

杜瓦啤酒的鼎鼎大名，即使在啤酒大國比利時，同樣讓人震耳欲聾。擁有如今行銷六十多個國家的盛況，一切都要回溯到 1871 年，比利時釀酒名門斯藤赫菲爾（Steenhuffel）後代強・李奧納德・摩蓋特（Jan-Leonard Moortgat）創建了杜瓦摩蓋特（Duvel Moortgat）酒廠。不過，當初這只是比利時境內擁有三千多名釀酒師的眾多酒廠之一，直到改善推出「上層發酵啤酒」，才逐漸打出名聲來。

19 世紀初，第一次世界大戰發生，使得英國麥芽被引進比利時。第二代經營者艾伯特・摩蓋特（Albert Moortgat）矢志以這麥芽打造出獨一無二的新口味，更遠赴英國爭取酵母樣本。最終誕生的這支啤酒，以「勝利愛爾」（Victory Ale）來慶祝第一次世界大戰的結束。後來，一名鞋匠在品嚐後為之驚豔，大讚其為「真正的魔鬼之酒」，於是以「魔鬼」（Duvel）來命名。

這款酒有獨特而繁瑣的釀造過程，歷時約需要 90 天。必須在室溫和低溫的環境中發酵三次，其中包含一次瓶內發酵，和一次長時間的窖藏。所以，釀酒廠的倉庫牆上寫者：「噓！安靜……杜瓦啤酒熟成中。」

其口感複雜而強烈，結合了皮爾森與愛爾啤酒的特色，口感滑順。明亮華麗的金色、厚實的白色泡沫，柑橘香夾雜酒花和胡椒香氣，風味十分特別，是世界經典啤酒必不可少的一款！

Duvel Moortgat

網址：www.duvel.com
種類：愛爾啤酒
色澤：麥梗金，帶些許混濁
香氣：柑橘香味、胡椒香及多層次穀物風味
風味：酒體清澈，酒感強勁，泡沫綿密，酒帽厚實
特色：搭配專屬酒杯，更能產生出綿密泡沫

monticello / Shutterstock.com

艾丁格小麥白啤酒

Erdinger Weissbier

二次發酵,白啤極品

　　說到德國啤酒,艾丁格(Erdinger)是不可不提的經典品牌,它是目前世界上最大的小麥啤酒釀造工廠。所謂「小麥啤酒」(Weissbier),有別於一般啤酒只使用大麥釀造,其另添加了小麥作為原料,屬於上層發酵的愛爾啤酒,是一種製造成本偏高且擁有清爽果香的酒種。這種啤酒在古代只有貴族才能釀造,要到 1872 年時,才有第一家民間酒廠獲得許可權。

　　約翰金勒(Johann Kienle)在 1886 年創立了艾丁格酒廠。其遵循源自 1616 年的巴伐利亞正統釀酒工法,每項產品均採用優質麥芽、天然啤酒花及來自地底 160 公尺的純淨泉水,以符合傳統的發酵程序製成。而這款小麥白啤酒,正是艾丁格酒廠能征服無數挑剔酒客的代表作,更是小麥啤酒中的極品。

　　艾丁格小麥白啤酒好喝的關鍵在於「二次發酵」。酒廠會在進行裝瓶工作時,特別添加新鮮啤酒酵母,並將瓶裝後的酒置於恆溫的倉庫中進行二度發酵,並且不另行過濾酵母,使得酒體帶有混濁感,更散發出香草與水果的清香。

　　淺酌一口,伴隨著花香與果香進入口腔的,不僅是讓人眼睛一亮的甜美與酸韻,還有優雅而沁人心脾的均衡與靜謐,這是來自巴伐利亞地區的高貴風情。想要品味小麥白啤酒的美好,艾丁格絕對是不二選擇。

Erdinger

網址:de.erdinger.de
種類:小麥啤酒、愛爾啤酒
色澤:略帶渾濁的金黃色
香氣:靜謐的花香與果香
風味:入口清甜,酸度鮮明,令人沉醉的啤酒花香氣
特色:適飲溫度是 4℃至 8℃

Marc Venema／Shutterstock.com

火石行者 805 黃金啤酒

Firestone Walker 805

率性暢飲的美式風格

　　加州是精釀啤酒的發源地，加州精釀啤酒協會曾經統計，境內共有九百多家啤酒廠，而在你閱讀此文的當下，數目應該遠遠不止於此。能在「酒濃於血」文化的加州立足，甚至佔有一席之地，火石行者（Firestone Walker）這間精釀啤酒廠不容小覷。

　　酒廠位於美國加州中部海岸的帕索羅布斯（Pasorobles），成立於1996 年。故事開始於亞當費爾斯通（Adam Firestone）與他的連襟兄弟大衛沃克（David Walker）的討論，他們想要找出一款真正能代表在地的好喝啤酒，兩人爭執不下，沒有結論，最終決定自己釀造。於是，兩人就在一處家族葡萄園旁的簡陋棚子，創立了這間以兩人姓為名字的與眾不同的加州啤酒公司。

　　他們的理念是：「啤酒為先，榮耀自來。」換成中文，大概就是「酒香不怕巷子深」的理念吧！這股對啤酒的熱愛，果然受到世界酒客的迴響，現在火石行者已經是美國名列前茅的啤酒釀造廠，也是國際啤酒大賞的常勝軍。

　　火石行者延續了加州葡萄酒釀造文化的特色，採用大量橡木桶來熟成啤酒。這款 805 黃金啤酒完美演繹了率性輕鬆的西岸風格，以簡單清爽的味道聞名，是很好入口的一款流行口味。無論是沙灘運動、慶祝派對或居家獨酌，都是最好的搭配！

Firestone Walker

網址：www.firestonebeer.com
種類：美式金色愛爾
色澤：冰晶淺金色
香氣：蜂蜜及柑橘香
風味：麥芽味主導，甜味鮮明，順口的中等酒體尾韻乾淨
特色：適合運動後爽快的暢飲

calimedia Shutterstock.com

福倫斯堡・皮爾森啤酒

Flensburger Plisener

開瓶瞬間的驚喜

即使身在啤酒之國德國，福倫斯堡（Flensburger）啤酒廠的悠久歷史，也可以傲視群倫。1888 年成立至今，酒廠歷經第一次世界大戰後的經濟衰退、第二次世界大戰時的工人入伍、戰後經濟復甦時期的市場挑戰，幾經困頓、整併、火災，儘管時局總是帶來挑戰，它都能在時代與變遷中重新站起。不僅蛻變得更完美，還保有傳統的魅力。

其啤酒好喝的祕密首先來自得天獨厚的水源，位於德國北部的福倫斯堡，地層下有著一萬年前斯堪地納維亞冰川（Scandinavian ice sheet）融化的泉水，透過兩口 240 公尺的井自然湧出，水質澄澈純淨。此外，其採用什列斯維格荷爾斯坦邦（Provinz Schleswig-Holstein）沿海大麥及獨家純酵母，以一種名為「麥林」（Merlin）的啤酒煮沸系統，使得釀造過程特別溫和，可以保留下多數的礦物質與營養。出色的口感，彷彿一口就能喝進當地遼闊美好的風景。

它的皮爾森啤酒在兩次大戰期間開始生產，是酒廠的經典代表作。其有著異常濃郁的香氣，來自啤酒花的鮮明苦味，帶出柔軟、醇厚、細膩的清新的味覺，獨特口感，令人難以抗拒。

值得一提的是，當許多酒廠紛紛改用金屬瓶蓋，福倫斯堡卻堅持採用傳統旋轉式的陶瓷瓶塞。每當瓶蓋被打開時，「啵」的聲響讓人記憶深刻，幾乎成了它的特色標誌。讓飲用啤酒成了視覺、味覺與聽覺的盛宴！

Flensburger

網址：www.flens.de
種類：皮爾森啤酒
色澤：明亮而清澈，金黃帶光澤
香氣：麥芽與啤酒花交織的香氣
風味：酒體乾淨，入口有著坦率的苦味，在味蕾細膩變化
特色：裝瓶後仍持續發酵，口感隨時間變化

方濟會教士・酵母小麥啤酒

Franziskaner Hefe-Weissbier Naturtrub

氣泡綿密，持久不散

說到修道士啤酒，大部分的人會直接聯想到比利。實際上，德國也存在著不少源自修道士祕方的啤酒，雖然並不像比利時那樣直接由修道士釀製販售，但往往有著有趣的淵源。

這個以「方濟會教士」（Franziskaner）為名的啤酒品牌建立於 1363 年的慕尼黑，釀酒廠最早的位置就在方濟會修道院的斜對面，最初釀造的確是有修道士參與，直到 1841 年賣給斯帕登（Spaten）啤酒廠，從原來的廠址搬走，並且擴大產量，才開始正式的商業化營運。其擁有悠久的歷史，是德國酒客格外熟悉的滋味。

德國 1516 年的純酒令規定啤酒只能使用大麥、啤酒花和水來釀造，讓小麥啤酒在德國一度絕跡。雖然在不久之後重新開放，但卻得負擔較高稅率。1602 年，稅差取消改為牌照制，但牌照卻掌握在皇室家族手中，成了專賣事業。1872 年開始，第一張民營牌照出現之後，才得以見到小麥啤酒被民營酒廠廣為釀造的景象。

這款酵母小麥啤酒，以來自巴伐利亞州的天然小麥為原料，有著豐富的白色泡沫。由於二氧化碳含量較高，所以口感格外的清爽，而帶有酵母混濁乳白色的酒體，則散發著香蕉與柑橘芬芳的香氣，果香濃郁。微妙的丁香與柔滑的果香交織，在唇齒與喉頭間完美融合。疲累的工作之後，搭配燒烤的肉類菜餚，特別令人感到撫慰。

Spaten-Franziskaner

網址：www.franziskaner-weissbier.de
種類：酵母小麥啤酒
色澤：帶著混濁感的淡金色
香氣：香蕉和柑橘的果香，透著微微丁香
風味：酒帽豐富且消散緩慢，輕盈順口
特色：適合搭配肉類食物飲用

verbaska／Shutterstock.com

富樂・冠軍英式特殊苦啤酒

Fuller's ESB

苦出新境界

　　有一百七十多年歷史的英國富樂啤酒（Fuller's），是目前唯一僅存於倫敦市區而具有歷史與規模的啤酒釀製廠。自 1845 年開始，富樂生產最優質的傳統英式精釀啤酒，並且屢屢在國際上拿到大獎，像是真麥酒促進會的大英啤酒大賞（Great British Beer Festival）比賽拿到五次以上的冠軍，更在知名網站「啤酒倡導者」（Beeradvocate）拿到最多款最佳酒款，被公認為世界上最好的啤酒品牌之一。

　　這款冠軍英式特殊苦啤（ESB）是一種烈性愛爾。1971 年，它被生產出來以替代停產的經典「特級老伯頓」（Old Burton Extra）。彼時啤酒的苦味有一般（ordinary）和特別（special）兩種，富樂就有一款「倫敦之光」（London Pride），但他們決定再研發出特級（extra special）的苦味，就是這瓶 ESB。

　　實際入口，這款啤酒並沒有想像中那麼苦。強勁的麥芽風味與啤酒花的香氣之間取得平衡，更像是一股深沉的韻味。醇厚的酒體，迸發出迷人的香氣，最初是櫻桃與柑橘，後轉為太妃糖與奶油氣息。帶有青草及胡椒辛香味的啤酒花香在舌尖綻開，是讓人欲罷不能的苦韻。

Claudio Divizia Shutterstock.com

Fuller's

網址：www.fullersbrewery.co.uk

種類：苦啤酒、愛爾

色澤：紅木一般的深褐色

香氣：以櫻桃與柑橘爆發開始，後轉為太妃糖與奶油氣息

風味：酒體醇厚，平滑順喉，草本辛香與水果芬芳交融

特色：與燒烤料理特別搭

Stephen Plaster Shutterstock.com

英國
4.7%

富樂・倫敦之光

Fuller's London Pride

最佳苦啤，倫敦之光

富樂（Fuller's）被公認為世界最好的精釀啤酒廠之一，更是最能代表倫敦的啤酒品牌。走在倫敦的街上，時不時就會看見街角的酒吧，掛出富樂經典的紅色招牌。而這個醒目的紅色，最直接讓人聯想到的，便是它最經典的酒款「倫敦之光」（London Pride）。

這款精釀啤酒，從西元 1959 年開始發售，可說是英式淡啤酒的經典代表，不僅是富樂旗下最暢銷的酒款，也是英國銷售排名第一的頂級精釀啤酒。知名啤酒鑑賞家羅傑普羅茲（Roger Protz）讚賞它是「一款具有驚人複雜度的啤酒」；另一位評論家史蒂芬考克斯（Stephen Cox）則形容其香氣「有如天使在舌頭上跳舞的感受」。

倫敦之光的酒體是優雅的淡古銅色，麥芽香氣、啤酒花香氣與果香達到完美的平衡，沒有過多其他的調味，以最純粹的樸質面貌，展現出富樂卓越的釀酒技巧。它入口時帶有沁涼醒神的柑橘果香，直衝腦門的香氣在中後段轉化為太妃糖和奶油般香氣，多層次的味覺變化，讓品飲體驗充滿驚喜。更難得的是，它十分順口好喝，風味廣受大眾好評接受度高，連平時不愛啤酒的人也會不由自主一口接著一口。

在 2008 至 2010 年的全球啤酒評鑑（World Beer Awards）中，它連續三屆獲得了「世界最佳苦啤」（World's Best Bitter）的榮譽。被稱為「倫敦之光」，真是當之無愧了。

Fuller's

網址：www.fullersbrewery.co.uk
種類：英式淡啤酒
色澤：淡古銅色
香氣：初為柑橘香氣，後段是太妃糖與奶油
風味：酒體輕盈滋味沉穩，口感清新滑順容易品飲
特色：適合於 8℃ 至 10℃ 飲用

TAGHEFOTO／Shutterstock.com

富樂・年度精選愛爾啤酒

Fuller's Vintage Ale

推陳出新的年度經典

成立於 1845 年的富樂（Fuller's），廠房座落於倫敦的富人區奇司威克（Chiswick），早期被稱為格里芬酒廠（Griffin），是個散布著雍容別墅的郊區，四處盡是花木扶疏的園地，洋溢著優雅的悠閒氣息。其不僅繼承了當地 1654 年開始的啤酒工藝傳統，更是目前倫敦市區唯一僅存的啤酒廠。富樂旗下有超過 15 款以上的酒款，從爽口的金黃色啤酒，到香氣四溢的英式傳統啤酒，甚至是顛覆傳統的創新款式，只要是出自啤酒名門富樂，必讓啤酒愛好者趨之若鶩。

面對這樣的啤酒大廠，一般酒客難免有些卻步，眼花繚亂不知道該如何入手。初識富樂的朋友，不如學學那些識途老馬，嚐嚐限定釀製的富樂年度精選愛爾啤酒。從 1997 年開始，酒廠每年都會精選該年度最出色的原料，並依此調製出風味複雜的烈性啤酒。這使得百年老廠在悠久的傳承下，仍然與時俱進的不斷創新風味，受到老酒鬼的支持，也不斷吸引新粉絲。當然，也有不乏挑剔的飲酒者，透過每年推出的精選啤酒，來評斷酒廠今年的狀況。

以 2018 年推出的精選愛爾為例，結合了梨子、柑橘、花草、焦糖、蜂蜜及白蘭地的味道，有著極為豐富濃厚的香氣，是一款穩健而均衡的啤酒。而 2022 年的口味，則風味更為強烈一些，柑橘、果醬、太妃糖的醇厚甜香在口腔迸發，令人回味不已。

Fuller's

網址：www.fullersbrewery.co.uk
種類：老愛爾
色澤：每年略有不同
香氣：每年略有不同，以平衡穩健風格為主
風味：每年略有不同，口感複雜，風格俐落
特色：每年僅在十月推出

Bogac Erkan Shutterstock.com

此為 2018 年的富樂年度精選艾爾

金牌台灣啤酒

Gold Medal Taiwan Beer

來自蓬萊米的香甜

　　台灣啤酒（Taiwan Beer）這個品牌剛剛滿百年大壽不久，它最早的歷史可以追溯到日治時代。1920 年，為了滿足駐台日人的需求，高砂麥酒株式會社（現為台北啤酒工場）生產的高砂麥酒上市，它就是台灣啤酒的前身。二戰後，日本戰敗離開台灣，高砂麥酒株式會社更名為「台灣省專賣局台北啤酒公司」，成為政府所有的公營事業，又於 1975 年更名為「建國啤酒廠」。

　　台灣經濟起飛的年代，烏日啤酒廠（前中興啤酒廠）、善化啤酒廠（前成功啤酒廠）及竹南啤酒廠（前復興啤酒廠）先後加入生產行列，為台灣奠定了啤酒產業的基礎。建國啤酒廠則在 2000 年被台北市政府定為第 95 號市定古蹟，轉型為文化園區，展出台灣最早期的啤酒釀製設備。

　　「金牌」是台灣啤酒 2003 年推出的明星產品，由連續榮獲國際級啤酒大賽金牌獎的釀造師團隊精心釀製，以此而得名。值得一提的是，除了採用高級大麥芽、德國高級芳香啤酒花和天然酵母，原料裡還包含台灣人所熟悉的蓬萊米。經低溫發酵、低溫儲存熟成等過程精釀而成，其風味清新甘醇、格外順暢，淡淡的花香中，更有著稻米的甘甜，可說是屬於台灣的特有滋味。由於特別對味，上市短短幾年內，就擁有廣大的支持者。特別是看運動比賽的時候，一邊喝著「金牌」，一邊祈禱拿「金牌」，真是最清涼帶勁的組合呢！

台灣啤酒

網址：www.twbeer.com.tw
種類：生啤酒
色澤：帶有光澤的稻穀色
香氣：淡淡的花香
風味：鮮明暢快，清爽的甘甜，酒體輕盈，泡沫豐富
特色：四季皆宜、冷藏後更爽口

TY Lim／Shutterstock.com

038

美國

4.3%

鵝島醺然愛爾啤酒

Goose Island Honkers Ale

生於城市的鄉村風味

1980 年代，美國中西部的人們對於啤酒根深蒂固的印象，仍是商業化的大量生產口味。彼時經常出差到歐洲的約翰霍爾（John Hall），被歐洲精釀啤酒多采多姿的口味所吸引。1986 年，被雨困在德州機場的他，讀到一篇關於精釀啤酒未來市場的文章，決定將自己在歐洲喝到真的好喝的啤酒滋味，引進到美國。

鵝島（Goose Island）的精釀啤酒之旅，是從芝加哥林肯公園（Lincoln Park）展開的。約翰霍爾在這裡建立了一個擁有 200 多個座位的大型釀酒啤酒吧（Brewpub），並向顧客開放展示所有的釀酒環節，甚至給予顧客們親自參與到釀酒的機會。這在現在或許沒有什麼，但在 1990 年代初期卻造成了極大的轟動。

建立於 1995 年的鵝島啤酒廠，年紀非常輕，擁有 32 個發酵器，超過 15 種不同的酵母，過濾器、離心機等設備也是最先進的，以最佳技術創作品質卓越的精釀啤酒。因為總是能推出富有創意卻能傳達經典的口味，所以深受全美精釀啤酒愛好者所擁戴。

此款醺然愛爾啤酒是真正讓鵝島聲名大噪的酒款之一，靈感來自於釀酒師走訪的英式鄉村酒吧。它使用了英國鄉下酒館常用的傳統苦啤配方，濃郁的麥香與啤酒花的香氣結合，還洋溢著清新的果香，非常的順喉好喝，讓人想要一杯接著一杯的暢飲。

Goose Island

網址：www.gooseisland.com
種類：英式苦啤
色澤：略帶混濁感的琥珀色
香氣：馥郁的熱帶水果香氣
風味：泡沫細膩，清爽順喉洋溢柑橘香氣，尾韻苦而綿長
特色：口感均衡，適合暢飲

Keith Homan／Shutterstock.com

格瑟斯梅爾森啤酒

Gösser Märzen

柔順輕盈，宛如琴音

夾在德國與捷克這兩個啤酒大國之間，國土本就不大的奧地利，啤酒業的光芒也被兩個鄰居所掩蓋。事實上，啤酒的釀造在這個國家也有著悠久的歷史，而「格瑟斯」這個響噹噹的大名，絕對有資格作為奧地利啤酒文化的代表之一。

大約西元 1000 年左右，格斯修道院（Göss Abbey）在施蒂利亞州（Styria）建立，修女們根據過去的傳統，在修道院中釀製啤酒以貼補生活開銷。只可惜，隨著修道院的解散，啤酒事業也跟著沒落。1860 年，釀酒商和企業家馬克斯科貝爾（Max Kober）收購了修道院，並在此重起啤酒釀製的事業。奧地利最重要的啤酒廠之一，在此誕生。

原料是所有出色啤酒成功的主因，格瑟斯啤酒自然也不例外。酒廠以施蒂利亞州泉水保護區的純淨泉水，以及未受精的雌性洛伊查赫（Leutschacher）啤酒花，還有來自韋因威爾特爾（Weinviertel）的精選大麥為原料。更使用矽藻土來過濾酒液，使得酒體清澈純淨。

梅爾森啤酒是酒廠最經典的商品，佔整體銷量的 70%。這款在傳統上於春天釀製的啤酒，同樣也散發著有如春天的氣息，宜人的啤酒花香氣和細膩的麥芽味，芬芳撲鼻卻不過於強烈，宛如舌尖和諧的奏鳴曲，相當迷人。想要品嚐奧地利的美好？那一定不要錯過它！

Gösser

網址：www.goesser.at
種類：梅爾森啤酒
色澤：稻草黃色
香氣：溫和細膩的啤酒花香
風味：酒體清淡，輕盈的麥芽味，味道純淨和諧
特色：搭配德式豬腳或傳統脆餅很對味

皇家卡羅經典啤酒

Gouden Carolus Classic

濃郁可可，深邃焦香

安可（Het Anker）啤酒廠座落於比利時麥赫連市（Mechelen），由一群婦女尋求侍奉上帝離群索居生活的會院「貝居安會院」（Beguinage）於 1471 年所創。同年，勃艮第公爵大膽查理（Charles the Bold）下令，她們有自釀啤酒的權力，無須繳納稅賦。此後的三百多年，貝居安會院都以傳統的方式釀製啤酒。

1872 年，凡布里登（Van Breedam）家族買下了廠房，創辦人路易斯‧凡布里登（Louis Van Breedam）將其改建為有獨立式蒸氣鍋爐的現代化酒廠，並在 1904 年更名為「安可」（Het Anker）。此後，這個酒廠便以酒精濃度高達 8.5% 的帝王啤酒（Emperor beer）闖出名號，而它就是 1960 年後更名的「皇家卡羅經典」（Gouden Carolus Classic）。

在比利時，每個城市都有自己的城市啤酒廠和自己的城市啤酒，這樣的傳統也造就皇家卡羅經典啤酒成為麥赫連市的代表酒款。接近黑色的焦茶色酒體，泡沫極為豐富而細膩，擁有非常平衡的焦糖與麥芽香氣，結合葡萄酒的溫和感和啤酒的新鮮，散發濃郁的可可香，入口滑順。很適合搭配燉菜、肉餅、甜點等餐點飲用。

Het Anker

網址：www.hetanker.be/nl
種類：比利時烈性深色啤酒
色澤：極深的焦茶色
香氣：濃烈的咖啡可可香氣，帶一點烘培麥芽的甜味
風味：泡沫豐富，醇厚而有層次的口感，尾韻香醇
特色：適合搭配寬口杯

皇家卡羅金色頌歌

Gouden Carolus Hopsinjoor

五種啤酒花豐富香氣

安可（Het Anker）啤酒廠是一家在比利時荷語區的酒廠，中文有時也被稱為「錨啤酒廠」。其所在的麥赫連市（Mechelen），在比利時尚未獨立之前，曾為奧屬尼德蘭（Oostenrijkse Nederlanden）的首都，可說是釀製啤酒的聖地，除了擁有自己的啤酒協會，會員們都以為皇家釀造啤酒為榮。那時，擁有此間酒廠的貝居安會院，也是一樣。

到了近代，凡布里登（Van Breedam）家族以現代化的經營，發揚在地流傳的皇家釀酒文化。特別是 1990 年，第五代的查爾斯・雷克拉夫（Charles Leclef）接管了啤酒廠，對於整個建築與設備進行大幅度的更新。除了加強硬體設備，也在酒廠興建旅店與餐廳，全方位發展成觀光酒廠，吸引許多啤酒愛好者到訪。而今提到「安可啤酒廠」，那可是世界啤酒愛好者都欽慕的聖地。

這款「皇家卡羅金色頌歌」，是以酒廠經典款「皇家卡羅經典啤酒」為基礎，進行變化的調味，讓其風味臻於完善。它延續麥赫連的傳統配方，使用了五種不同的啤酒花，這些啤酒花在烹飪過程中的不同時間被分餾，以最大限度地保留香氣。因此，這款酒有著多層次的馥郁香氣，使得淡淡的苦味顯得更加迷人。

Het Anker

網址：www.hetanker.be/nl
種類：IPA 啤酒
色澤：帶混濁感的霧黃色
香氣：豐富的啤酒花香氣，草本與果香交織，豐富而均衡
風味：麥芽口感溫和，尾韻帶著淡淡苦味
建議：適宜於 5℃ 至 7℃ 飲用

barinart / Shutterstock.com

葛蘭斯・上等拉格啤酒

Grolsch Premium Lager

鮮明的啤酒花香

　　葛蘭斯（Grolsh）是一款採底層低溫發酵的「窖藏啤酒」（Lager），又稱「拉格啤酒」。因為發酵方式的不同，所以拉格啤酒的口感較為清新，可以清晰感覺到麥芽與啤酒花的原料風味，保存期限也相對較長。這款荷蘭啤酒，遵循了德國純酒令（Reinheitsgebot）所制訂之標準，成分特別簡單，沒有過於複雜的添加物。其馥郁口感來自於烘烤過後的麥芽，每一口都是最乾淨溫潤的香氣。

　　一如瓶身上標籤所示，酒廠建立於 1615 年，至今已有四百多年的歷史了，而現今我們喝到的經典口味，則是數個世紀以來不斷的改良的結果。葛蘭斯啤酒採用地下 18 公尺以下之泉水，只使用 100% 純大麥製成麥芽，來達到純淨的口味。值得一提的是，它以兩種不同的啤酒花混和搭配，創造富有層次的苦味。經過特殊的窖藏之後，澄亮金黃的純淨酒體，不僅擁有綿密細緻的泡沫，而且氣味完美而平衡。

　　著名的夾扣式瓶蓋（Swingtop），以及有著凸起雕花的綠色玻璃瓶身，是葛蘭斯鮮明的標誌，為世人所熟知。這個經典的產品包裝於 1897年問世，一直沿用至今，當其他酒廠為了節省成本而改用金屬瓶蓋，這款瓶蓋卻一直被葛蘭斯保存下來。也難怪至今仍深受啤酒愛好者的歡迎，甚至還會舉辦「葛蘭斯啤酒開瓶國際比賽」呢！

Grolsch Bierbrouwerij

網址： www.grolsch.com
種類： 拉格啤酒、窖藏啤酒
色澤： 淡金黃色
香氣： 麥香、玉米甜香及焦糖味
風味： 入口有酸味及麥芽味，略透苦感，滋味清爽
特色： 儘管也有金屬瓶蓋包裝，但夾扣式瓶蓋是最經典的標誌

TY Lim / Shutterstock.com

健力士・醇黑生啤酒

○

Guinness Draught

啤酒中的老紳士

電影《金牌特務》（Kingsman: The Secret Service）裡，有著英國翩翩紳士風範的特務，在酒吧裡優雅的喝著健力士啤酒，即使是面對小混混們的挑釁，他依然從容不迫的享受著，老派魅力爆棚。這款啤酒的硬派風格，在這一幕畫面中展露無遺。

酒廠最初在萊克斯利普（Leixlip）釀造愛爾啤酒，1759 年亞瑟・健力士（Arthur Guinness）簽下一紙每年 45 英鎊共九千年的租約，租下位於都柏林（Dublin）從未使用過的聖詹姆士門（St. James's Gate）釀酒廠，兩百多年後的今天，它已經是聞名世界的暢銷品牌了。

這是一款非常經典的司陶特（Stout）酒，純黑的酒色，焦香麥芽的黑咖啡、可可豆等深烘焙氣息，尤其是帶有氮氣膠囊，讓酒泡能特別綿密細緻，喝起來格外滑順。它那帶有濃厚炭焙氣息的麥芽風味，與台啤、百威等清淡爽口的淡色拉格啤酒不同，又與精釀啤酒中的強烈風味和酒體，不完全一樣。

柔順與甘苦交織的滋味，可說是像極了人生，有閱歷的人喝得才懂。在都柏林，能否倒出一杯「完美的健力士」（A perfect pint of Guinness）更是當地人鑑定一間酒吧的基準。熱愛啤酒的你，怎能不嚐嚐？

St. James's Gate brewery

網址：www.guinness.com
種類：黑啤酒、司陶特
色澤：不透明的深黑色
香氣：焦糖可可豆的烘培氣息
風味：酒液滑順圓潤包覆感強，苦味衍伸出黑咖啡的調性
特色：10℃至 18℃最能喝出風味

健力士・特濃黑生啤酒

○

Guinness Extra Stout

個性十足的強烈風味

　　如果你喜歡健力士醇黑生啤酒，甚至是熱愛的支持者，那麼這款進階版的健力士特濃黑生啤酒，更是不容錯過。亞瑟・健力士二世（Arthur Guinness II）以 1821 年大受歡迎的配方為基礎，制訂了更進階的改良配方。其採用了最優值的麥芽、啤酒花與愛爾蘭大麥，在都柏林的聖詹姆士門（St. James's Gate）釀酒廠精釀而成。

　　和健力士醇黑生啤酒一樣，其酒體呈現有著咖啡調性的深黑色，幾乎不透光。延續了品牌標誌性的硬派風味，酒體洋溢著鮮明的烘烤香味，光是放在面前就可以聞得到咖啡、可可、焦糖的氣息。發酵度很高的它，入口極為乾爽，有著中低的果酯風味，以及中高強度的苦韻。貴族般的濃烈香氣，縈繞在唇齒間，有著耐人尋味的後勁。這個性十足的風味，苦而不澀的柔順味覺，可説是行家的心頭好！

　　為了捍衛自己這與眾不同的滋味，健力士是首批為下游廠商提供打印標籤的釀酒商之一。早期，為了確保酒商無法將各種烈性黑啤酒混合在一起，或頂著健力士的名義充數，零售者必須向啤酒廠申請自己的獨特標籤，標籤上會有他們的姓名和地址。直到今天，健力士所有的標籤都標有三個東西：亞瑟的簽名、傳奇的豎琴符號和舉世聞名的名稱「健力士」。

St. James's Gate brewery

網址：www.guinness.com
種類：黑啤酒、司陶特
色澤：不透明的深黑色，帶奶油感
香氣：中等且平衡，咖啡、可可，鮮明的焦味
風味：酒體紮實，酒帽中等，中高強度的苦韻，收尾乾爽
特色：10℃至 18℃最能喝出風味

海尼根純麥拉格啤酒

Heineken Pure Malt Lager

充滿歡樂的滋味

就算你不愛喝啤酒，也不可能沒聽過海尼根的大名！它擁有超過 165 座釀造廠，行銷遍及全球 70 多國，從酒吧到便利店，都能見到它。搭配讓人莞爾一笑的廣告影片，品牌形象深深烙印人們心底。

這個讓許多人無法抗拒的滋味，開始於一百多年的阿姆斯特丹。1864 年，創辦人傑拉德・阿德里安・海尼根（Gerard Adriaan Heineken），為了釀製出理想的拉格啤酒，於是從小型的家庭釀酒廠開始自己的製酒事業。第二代亨利・皮埃爾・海尼根（Henry Pierre Heineken）延續父親的事業，並在維持穩定品質的前提下，提高產量向海外拓展版圖。當 1933 年美國取消了歷時 11 年的禁酒令，第一支進口至美國的啤酒就是海尼根。

讓海尼根真正走入全球酒客心裡的關鍵人物，非弗雷迪・亨利・海尼根（Alfred Henry Heineken）莫屬。他將包裝顏色訂定為綠色，賦予產品包裝星星標、旗幟及啤酒花圖示，獨特的行銷手法，讓這個品牌充滿魅力。他的名言是：「我不賣啤酒，我賣的是歡樂。」

海尼根酒廠對於釀酒技藝的自信，展現在其堅持簡單的用料上。沒有玉米、稻米或其他添加物，僅僅使用大麥、啤酒花和水，並以獨家開發的 A 酵母歷經 28 天的精釀製作而成。濃郁的麥香及果香入口，隨著細緻的起泡充盈在唇齒之間，這充滿韻味的風情，是海尼根無可取代的魅力。

Heineken

網址：www.heineken.com
種類：拉格
色澤：金黃色
香氣：麥香、果香、啤酒花香交疊出豐富的層次
風味：經典拉格風味，香氣濃郁而層次豐富
特色：最佳飲用溫度為 0℃至 4℃

FoodAndPhoto_/Shutterstock.com

常陸野貓頭鷹．
小麥柑橘白啤酒

Hitachino Nest White Ale

清酒世家的精釀啤酒

　　座落於日本關東茨城縣北部的那珂市，木內酒造成立於西元 1823 年，專注於日式清酒的釀製，目前已經傳承至第八代。「常陸野」（Hitachina）是古代的地名，這個地區以肥沃的土壤著稱，產出的穀物飽滿紮實，很適合釀酒。

　　西元 1996 年，木內酒造開創出目前享譽全球的精釀級手工啤酒品牌——常陸野貓頭鷹啤酒，主張以自家上百年的釀製清酒經驗來釀啤酒。至今旗下有超過 15 支啤酒，擁有多支充滿創意的啤酒，咖啡、特殊品種的橘子、香草或是豆蔻等獨特風味，都讓它在日新月異的啤酒市場中，迅速建立辨識度與口碑。

　　以特選日本在地原生種金子麥芽所釀製的黃金拉格啤酒，用不同其他拉格啤酒的製成方式，把拉格啤酒的苦澀降低，使其均衡滑順的口感更適合搭配亞洲料理。金黃色的酒體透出香濃的大麥芽氣息，溫和而清新，香檳一般的奢華風味，屢獲日本國內外啤酒競賽的肯定，是常陸野貓頭鷹啤酒系列中的旗艦款。隸屬於這個系列的小麥柑橘啤酒，於釀造時加入柑橘類水果及香料，擁有令人難以忘懷的清新果香、芬芳香氣與滑順口感。

　　近年來，廠方大力推廣以常陸野貓頭鷹黃金拉格啤酒來跳脫傳統清酒佐餐的習慣。像是這款超人氣小麥柑橘啤酒，就特別適合搭配炙燒串烤的肉料理。

Kiuchi Brewery

網址：hitachino.cc
種類：白啤酒、黃金拉格啤酒
色澤：淺金色
香氣：清新柑橘調果香
風味：清香而滑順
特色：適合搭配日本料理燒烤類餐點

urbanbuzz／Shutterstock.com

豪格登・小麥白啤酒

Hoegaarden Wit Blanche

比利時白啤酒復興之作

　　豪格登以專門製作傳統風味的比利時白啤酒（Witbier）而聞名。目前，其為另一個比利時啤酒品牌「時代啤酒」（Stella Artois）的子品牌之一，隸屬於酒業集團「安海斯 - 布希英博」（Anheuser-Busch InBev）。

　　酒廠所在的豪格登（Hoegaarden），中世紀時就已在當地修道院僧侶的協助下，建立起小麥啤酒的釀製傳統。小麥啤酒偏酸，不需要添加太多酒花，在當時非常受到喜愛。不過，底層發酵的金啤酒出現之後，它卻逐漸被那種爽口帶苦韻的啤酒所取代。19 世紀末時，這裡有超過 30 家釀酒廠，到了 1957 年時卻連最後一間也關門大吉。

　　幾百年的傳統工藝消失殆盡，是當地人所不樂見的。原來在乳業工作的皮耶・塞利斯（Pierre Celis），是將這個念頭化為實際行動的一個，他花了十年鑽研配方，並在 1966 年時於自家的倉庫建立了小酒廠，以此為起點，著手傳統啤酒復興的工作。在事業蒸蒸日上之際，1985 年的一場大火，讓「時代啤酒」入股了酒廠，經營權也跟著轉移。

　　這款白啤酒採用未經過濾的瓶內發酵，甜度較高，以胡荽、橙皮等香料入味，綿密的泡沫頗為持久。入口時氣泡感稍微突出，而後馬上感到豐盈的甜味，並且湧上更多柑橘滋味。

Hoegaarden

網址：hoegaarden.com
種類：白啤酒
色澤：混濁的淡金黃色
香氣：麥芽香氣，帶水果與香草的氣息
風味：偏酸，無苦味，泡沫細緻，潤澤爽口
特色：水果風味，夏天飲用格外合適

FoodAndPhoto／Shutterstock.com

HB 慕尼黑皇家經典金啤酒

Hofbräu München, Hofbräu Original

飽滿酒體，宮廷風味

德文「Hofbräu」的意思就是「宮廷釀酒廠」。在啤酒業的歷史上，德國及奧地利境內有些以此為名的酒廠，他們過去多半是負責提供當地統治者宮廷所需的啤酒，而且通常是由王室或皇家所設立。在這些酒廠中，最為著名的，莫過於「慕尼黑皇家宮廷釀酒廠」（Hofbräu München）。

1589 年，巴伐利亞公爵威廉五世（Wilhelm V），不滿當時的啤酒必須仰賴從下薩克森邦的愛因貝克（Einbeck）進口，長期下來不僅麻煩，而且非常耗費金錢，於是採納了大臣們的建議，在當地創建了自己的啤酒廠。他從蓋森費爾德（Geisenfeld）的修道院挖角釀造總監，來規劃酒廠的經營。

雖然曾經由皇室所創立經營，但是到了 19 世紀初期，酒廠所釀造的啤酒，已經是市民們都能輕鬆品嚐的滋味。廠方更在市中心瑪麗恩廣場旁設置啤酒屋，開放給大眾前來消費。而今，這裡已經是拜訪慕尼黑不能錯過的觀光景點，更是許多啤酒迷一生必訪的朝聖之地。

這款 HB 慕尼黑皇家經典啤酒，無疑是慕尼黑皇家宮廷釀酒廠最具代表性的一支啤酒。採用底層發酵法的酒體，有著皇冠一般明亮的金黃色，馥郁的泡沫宛如白色皇冠，光視覺就賞心悅目。入口後酒體飽滿，口感清爽，略帶麥芽味，餘味細膩優雅。配上小零食或常見的豬肉料理，就能感受屬於巴伐利亞的悠閒時光！

Hofbräu München

網址：www.hofbraeu-muenchen.de
種類：歐洲淺色麥芽拉格
色澤：金黃色
香氣：麥芽香氣與草本辛香
風味：酒體飽滿，成熟，帶有細膩的酒花香氣
特色：理想飲用溫度為 6℃至 7℃

servickuz / Shutterstock.com

小精靈・啤酒花精釀啤酒

Houblon CHOUFFE

外表趣味，內在危險

　　小精靈啤酒廠的故事，開始於一對連襟兄弟。1970年代，皮耶爾（Pierre Gorbron）與他的妹夫克里斯（Chris Bauweraerts）憑藉著微薄的資金，從岳母的小車庫裡起家，釀造屬於自己的啤酒。這個位於比利時盧森堡（Luxembourg）小村莊名為阿舒夫（Achpuffe），雖然是個名不見經傳的小地方，卻是個山靈水秀，風景奇麗之處，傳說是小精靈守護神起源之地，所以又被稱為「精靈之谷」。

　　最初，這只是兩個男人的業餘愛好，1982年8月27日，他們生產了第一批49升的啤酒。但沒想到，後來的四年裡，酒廠生意蒸蒸日上，火熱的發展起來，到了1986年已經成為他們全職的事業了。十年後的1992年，產量從每年3400百升增加到5000升，為了讓事業更上一層樓，甚至還興建了一座新的釀造廠。2006年夏末它被收購，成為杜瓦摩蓋特集團（Duvel-Moortgat）的一員。

　　如今，這款酒供應至全球四十多個國家，也憑藉著獨特的韻味，贏得了許多國際大獎。這款印度淡色愛爾由三種不同類型的啤酒花調味釀製，以其明顯的苦味與果香相結合而受到讚賞。雖然酒精濃度頗高，普遍反應卻是很順口，還有「外表趣味，內在危險」這樣的說法。喜愛啤酒的你，不妨來冒險一回吧！

Brasserie d'Achpuffe

網址：chouffe.com
種類：印度淡色愛爾（IPA）
色澤：深金色
香氣：強勁的啤酒花香
風味：帶有明顯而強勁的苦味，後段是葡萄柚調性
特色：採用三種不同的啤酒花釀造

050

荷蘭

8%

IJ・薩特啤酒

IJ Zatte Tripel

太過順喉，小心喝醉

　　IJ 釀酒廠位於阿姆斯特丹中心，老城區裡最後一座老風車磨坊下，釀酒廠附有酒吧，讓到訪的酒客可以品嚐自家釀製的啤酒，僅有少部分的啤酒會裝瓶販售。酒廠成立於 1985 年，一名經音樂家卡斯伯·沛特森（Kasper Peterson），經常到比利時演出，因為發現荷蘭沒有相似的特色啤酒，決定自己來做。而今，首都內多數酒廠不是遷廠，就是已經停止營業，它已成為歷史最悠久的啤酒廠。

　　雖然酒廠規模不大，但是釀製出的品項卻很多，從常態性的、季節性的甚至是一次性的紀念酒，選擇非常的多。更難得的是，在物價指數位居歐洲前段班的荷蘭首都，價格卻相當實惠。如果你造訪酒廠酒吧，可以在露台上一邊品嚐佳釀，一邊搭配各式乳酪或加工肉品等等配菜，非常舒適。因此，這兒總是高朋滿座，酒客絡繹不絕。

　　這瓶薩特啤酒，是酒廠自開廠以來，打響名號的經典之作，屬於長期銷售的酒款，一年四季都可以品飲。它的口味屬於比利時傳統的三重啤酒，濃郁的淡金色酒體，帶有新鮮的水果香氣和淡淡的穀物味，味道略帶甜味，以細膩而乾爽的餘味收尾。以「Zatte」作為酒名，取其爛醉如泥的意思，大概是要提醒喝的人，別因為那麼順口就忘了它偏高的酒精濃度。注意，別一不小心就喝醉了！

Brouwerij 't IJ

網址：www.brouwerijhetij.nl
種類：頂層發酵、比利時三倍愛爾
色澤：混濁而帶光澤的黃色
香氣：黃桃、李子的低調果香
風味：入口芬芳，甜度適中，沒有苦味，尾韻略短
特色：適合飲用溫度為 8℃ 至 10℃

Marc Venema／Shutterstock.com

韓國
5.3%

濟州白啤酒

○

Jeju Wit Ale

韓式炸雞好搭檔

　　濟州啤酒（Jeju Beer）是韓國第一間全球化的精釀啤酒廠，它在紐約最知名的精釀啤酒廠布魯克林酒廠（Brooklyn Brewery）的技術指導下營運釀造，坐擁世界最新式、最精良的釀造設備，並招募了許多韓國國內外的優秀釀酒師。紐約是東岸精釀啤酒的重鎮，文化大熔爐般展現了繽紛的啤酒文化，濟州啤酒承襲了這種放眼世界的風格，和同為年輕品牌的布魯克林酒廠，在傳統的釀酒工藝上，演繹出能站上世界舞台的個性化風味。

　　對於韓國人來說，濟州島代表著純淨的自然資源與放鬆的休閒假期。這座擁有多個世界自然遺產的火山島，向來以出色的礦泉水質傲視韓國，是釀酒者與飲酒者的天堂。在韓國，不少礦泉水、燒酒或果酒都主打產自濟州，而來自濟州酒廠的啤酒，更是韓國人下班後搭配宵夜的心頭好。上完班回到家，來上一口濟州啤酒，立刻宛如置身島嶼，海風徐徐吹來，疲憊全消。

　　這款白啤酒是酒廠相當受歡迎的一款口味，以來自德國的原料，添加島上土產的甜橙，並以丁香調和果香，使得整體風味活潑中帶著沉靜、甜而不膩。一口味道輕盈的白啤，融合了德國傳統、紐約摩登與韓國風土，是足以比肩國際大廠的經典韓式風味。看韓劇、吃炸雞，該配什麼啤酒最好？當然是濟州白啤酒最對味啦！

Jeju Beer

網址：jejubeer.co.kr
種類：白啤酒、愛爾
色澤：帶褐色光澤的橙黃色
香氣：新鮮柑橘皮的香氣，混和著丁香
風味：輕盈酒體，泡沫細膩，口感溫柔
特色：韓國第一間全球化手工啤酒廠代表之作

JDMatt／Shutterstock.com

城堡櫻桃水果黑啤酒

Kasteel Rouge

巧克力與櫻桃的絕配風味

在比利時，除了非常有名的修道院系列之外，還有另一個強大的族群，叫做「比利時家族釀造者」（Belgian Family Brewers）。這個非營利組織目前共有 21 個成員，必須是運作超過 50 年的家族釀造酒廠，才有資格。而釀造出城堡櫻桃水果黑啤酒的范洪瑟布魯克（Van Honsebrouck）酒廠，就是其中之一。

酒廠開始於 19 世紀初期，阿曼德・范洪瑟布魯克（Amandus Van Honsebrouck），購買了一個小型農場，並建立了在地第一間酒廠，從此開啟了家族釀酒事業，至今已經傳到第 5 代。除了延續傳統的釀造方法，經營者也積極開發各種啤酒口味。酒廠的酒款上寫有「城堡」（Kasteel），是因為附近的城堡而得名，

這款城堡櫻桃水果黑啤酒（Kasteel Rouge）釀造的方式是，運用比利時同樣引以為傲的巧克力混合櫻桃酒而成。巧克力與櫻桃的香氣十分契合，使得這款啤酒光用聞的就展現出獨一無二的風格。

豔紅如寶石的酒體，洋溢著濃郁的香氣，看似非常醇厚，但實際入口後，味道卻輕盈得出乎意料，果味更顯清香，讓人忍不住想再斟上一杯。也難怪，它一直被譽為女性最愛的精釀啤酒酒款。當然還是要注意，它的酒精濃度偏高，屬於一款烈性啤酒，一不小心就會喝醉的！

Jeju Beer

網址：www.vanhonsebrouck.be
種類：水果啤酒
色澤：寶石紅色
香氣：櫻桃、巧克力及胡椒，香氣濃郁
風味：中等甜味，輕微的苦味與果香調和，餘味溫潤
特色：冷藏後很適合當開胃酒

verbaska／Shutterstock.com

BELGIAN ALE WITH CHERRIES AND CHERRY JUICE ADDED

INGELMUNSTER

KASTEEL

8°

ROUGE

BELGIAN
FAMILY
BREWERS
.be

麒麟一番搾啤酒

Kirin Ichiban Beer

第一道麥汁的滋味

　　麒麟啤酒的前身是在 1870 年（明治 3 年），由美國人威廉‧科普蘭（William Copeland）在橫濱山手地區創建的 SVB（Spring Valley Brewery）酒廠，是日本啤酒產業的先驅。據說，當時外國眾多啤酒都是採用動物名稱來取名，所以選擇了「麒麟」這個中國古代的傳說聖獸為品牌。

　　麒麟一番搾選用二條大麥發酵，以獨家的一番搾製法，搭配世界最高等級的捷克 SAAZ 啤酒花所製成。「一番搾」指的是，僅使用麥汁過濾程序中，最先流出的第一道麥汁，來做為釀造啤酒的原料，以求讓麥芽最原始的芳香，被完成的呈現出來。它可以與麥芽達到 100% 的結合，臻於「口感清爽且令人充分滿足」的完美味覺境界。根據廠方說法，因為原料為 100% 的麥芽，且不使用副原料，麒麟相較其他啤酒，使用的麥芽量是1.5 倍，所以一入口就有新鮮濃郁的麥芽香氣，搭配各種料理都很適宜。

　　豐盈的酒帽，是這款啤酒另一大特色，它不僅是酒體佳的呈現，也能鎖住酒液的芳香，讓味道不散逸。在品飲時，記得選擇口徑較大的杯子，避免滿滿的泡沫，影響到喝時的體驗。或者，可參考日本啤酒標榜的「三度斟酒法」：第一次可以隨心衝擊出酒帽、第二次則儘量把酒泡倒至杯口水平、第三次則從杯緣慢慢注入。

Kirin Beer

網址：www.kirin.com.tw

種類：拉格啤酒

色澤：清澈淡金黃色

香氣：鮮明的穀類甜香以及辛香

風味：泡沫豐盈，酒帽堅實，清爽而順口

特色：宜挑選口徑較大的杯子

DMstudio House／Shutterstock.com

可娜巨浪黃金愛爾啤酒

Kona Big Wave Golden Ale

一杯巨浪，徜徉海島

1980 年代，傳統愛爾酒廠面對商業拉格的強烈競爭而式微，英格蘭傳統愛爾酒廠因而研發出了口感較為接近一般商業拉格，不過仍適度保有愛爾發酵風味的英式黃金愛爾，來區隔並保有市場。這種英式黃金愛爾，比一般拉格顏色略深，酒體單薄，喝起來口感更清爽，麥芽味較淡。

此種風格的啤酒，近年也常見於美國、澳洲或紐西蘭。酒廠會以這樣的方法，添加美式或南太平洋式啤酒花，使得水果氣味更鮮明，展現出更奔放自由的休閒氣息。一般來說，英式黃金愛爾固然風味十足，卻很解渴，非常適合在炎熱的夏天暢飲。

因此這樣的啤酒會從夏威夷這個度假勝地起家，甚至揚名全球，一點也不奇怪。可娜（Kona）是位於夏威夷凱盧阿島（Kailua）的一家啤酒廠，創立於 1994 年。初期，經營者將太平洋淡愛爾（Pacific Golden Ale）的酒款，以小瓶和小桶的形式引進夏威夷，在島上的餐廳供應。這就是現在的巨浪黃金愛爾啤酒（Big Wave Golden Ale）。

這款酒的初衷很簡單，就是給忙碌了一天的人們解渴。因此，這是一款很容易品飲的啤酒，酒精濃度雖然不高，酒體也非常輕盈，但香氣一點都不馬虎，蜂蜜與綠葡萄的芬芳，交織成舒適的島嶼氣息。你或許不能在夏威夷度假，但總可以在疲累的時候，來一杯巨浪。

Kona

網址：konabrewingco.com
種類：英式黃金愛爾
色澤：清透的淡金色
香氣：蜂蜜與綠葡萄的清香
風味：酒體輕盈，口感滑順，氣泡適中，有草本餘韻
特色：特別適合夏日暢飲

Yi-Chen Chiang／Shutterstock.com

119

卡力特黑啤酒

Köstritzer Schwarzbier

德國黑啤酒經典之選

　　卡力特是德國歷史最悠久的啤酒廠之一，它的歷史可以上溯到至少1543 年，至今已將近五百年了。西元 1696 年，羅伊斯（Reuss）家族的伯爵收購了這家啤酒廠，並將其更名為「騎士莊園啤酒廠」（Knightly Estate Brewery）；到了 1806 年，因為羅伊斯家族的地位被提升為王子，所以又使用了「王子啤酒廠」（Princely Brewery）的稱號。光是考查酒廠的名稱，就可以感受到其顯赫輝煌的歷史。

　　第二次世界大戰後，這間啤酒廠被東德國有化，並開始以卡力特（Köstritzer）的名稱經營。1956 年到 1976 年，它的產品出口到整個東歐，直到東西德統一為止。也就是在這段時間，越來越多的歐洲人知道這一款產於德國中部的黑啤酒。

　　卡力特黑啤酒（Köstritzer Schwarzbier）嚴格依循德國在 1516 年制訂頒布的啤酒純酒令來釀造。近 20 年以來，它在德國人引以為傲的黑啤市場獨占鰲頭，可說是黑啤酒的代名詞。消費者不僅喜愛它的味道，甚至認為其有保健提神的能力。

　　深黑色光澤的酒體中，烘烤後的麥芽香味與淡淡的苦味融合，再加上巧克力與咖啡的芬芳，讓這款啤酒嚐起來非常具有高級感。柔和而悠長的醇韻，打破黑啤酒總是苦澀的一般印象，是讓人難忘的品飲經驗。

Köstritzer

網址：www.koestritzer.de
種類：窖藏啤酒、黑啤酒
色澤：深黑色
香氣：黑巧克力與咖啡的迷人香氣
風味：泡沫綿密細緻，入口濃郁甘醇，滑順而不刺激
特色：宜保存於 7℃ 至 9℃ 間

Marc Venema/Shutterstock.com

山羊淡黑啤酒

―――――○―――――

Kozel Dark

傳說喝了身材會變好

在捷克這個擁有上千年啤酒歷史的國度，山羊淡黑啤酒絕對佔有一席之地。它不僅是擁有上百年歷史的經典品牌，更被公認是世界銷售量第一的捷克啤酒。在捷克有個都市傳說，那就是喝山羊啤酒會讓女人上圍更加豐滿，由此可見它受歡迎和普及的程度。

第一批山羊黑啤酒誕生於 1847 年，酒廠位於布拉格東南方的一個名為「維爾克波波維斯」（Velké Popovice）的村莊，以 60 公升的大鍋釀造。1919 年，一個流浪的畫家畫了一隻山羊給這個村莊，以感謝村民收容他，提供住宿與食物。到了 1930 年代，酒廠便決定以酒廠公園裡吃草的山羊當作吉祥物。有趣的是，酒廠真的養了山羊，而且為了紀念一位照顧山羊的酒廠老員工，歷代山羊都取名為歐達（Olda）。

就像許多酒廠，山羊啤酒也設計了自己的專屬啤酒杯。它出自捷克藝術家楊卡佩克（Jan Čapek）之手，玻璃杯面上不僅浮雕著山羊頭的圖騰，連杯把也是以山羊角的造型發想，特色十足，讓人一眼就能辨認。

這款山羊淡黑啤酒，以特選深色麥芽，並結合在地純淨的水源及啤酒花釀造。它不像黑啤酒給人風格強烈的傳統印象，反而是較為爽口並帶有甜度、輕鬆易飲。韓國人還發明了一種有趣的品飲方式，那就是在這款黑啤酒上面灑上肉桂粉，喝起來別有一番風味呢！

Pivovar Velke Popovice

網址：www.velkopopovickykozel.com

種類：黑拉格

色澤：帶光澤的深紅色

香氣：焦糖風味的麥芽香氣

風味：泡沫細緻綿密，口感滑順，呈現黑焦糖麥芽的甜味

特色：加肉桂風味更獨特

DenisMArt／Shutterstock.com

科倫堡皮爾森啤酒

Krombacher Pils

岩泉釀造，自然原味

在人人都是啤酒行家的德國，啤酒要受到大家的認可，可不是一件容易的事情。而科倫堡（Krombacher）就是其中之一。這個品牌創立於 1803 年，採用的水源是 1722 年被巡山員發現的科倫堡岩泉（Krombacher Rock Spring），因此而得名。泉水具有柔軟、低礦物質的特點，這使得廠家自豪於完美啤酒花與純淨水源所創造出來的滋味，特別強調自然原味的呈現。

由於當時的法律規定，只允許擁有啤酒廠和麥芽窖的餐館出售啤酒，為了父親經營的餐館，約翰內斯哈斯（Johannes Haas）創立了這間家族酒廠。幾經變遷，而今酒廠已經不再是哈斯家族經營，而成了一家有規模的企業。20 世紀初，它推出了這款科倫堡皮爾森啤酒，獲得極大的迴響，也在全國打出了名聲。

據說，它來自非常古老的配方，是從一位波希米亞老鑑賞家取得。其遵從了 1516 年巴伐利亞頒布的純酒令，只以泉水、春季大麥及優質啤酒花來釀酒，不摻雜其他香料或調味。此後，科倫堡成為德國最早、品質最好、口感最棒的啤酒之一，並被視為皮爾森啤酒的典範，一直到現在，完全保留最原始的品質與風味，未曾改變。

強健豐富酒帽下，細緻的金黃色酒體，洋溢著馥郁的花香。品嚐德國正宗皮爾森啤酒，就從這一口開始。

Krombacher

網址：www.krombacher.de
種類：拉格、皮爾森
色澤：淡金色
香氣：花草香、穀物與酒花氣息
風味：酒體輕盈，氣泡中等，口感順暢
特色：宜使用寬口杯品飲

Ewa Studio／Shutterstock.com

可倫堡 1664 白啤酒

Kronenbourg 1664 Blanc

柑橘果香，法式奢華

在西元 1664 年，有位年輕的啤酒師傅杰羅姆哈特（Jerome Hatt）在史特拉斯堡（Strasbourg）的中心地帶，創立了一間屬於自己的獨立酒廠。西元 1952 年，為了讓釀酒的品質繼續提升，名為可倫堡（Kronenbourg）的酒廠誕生，並推出這款經典的白啤酒。至今，它已經是最能代表法國的啤酒品牌之一。

可倫堡 1664 白啤酒沿用 13 世紀傳統比利時白啤酒釀製法，並採用被稱為「酒花中的魚子醬」史翠賽斯伯啤酒花（Strisselspalt）釀造，這個古老且經典的品種，能提供令人愉悅的柑橘與花香且苦味不明顯。之所以稱之為白啤酒，是因為它未經過濾，懸浮的酵母菌與麥芽蛋白質使酒身略呈白色，因此而得名。所以，這款可倫堡 1664 白啤酒喝起來格外溫潤順喉，帶有馥郁的奢華口感。

混濁酒體的大陸風格、融合胡荽與丁香的基調、加上巧妙平衡的沉穩柑橘及柔和果香，散發出深具法國風情的無比魅力。它也是唯一連續兩屆（2004 年、2005 年）榮獲世界啤酒釀造金牌獎認可的得主，風行世界七十餘個國家，是品牌中最暢銷的代表作當之無愧。

苦味不明顯的可倫堡 1664 白啤酒，特別適合不喜歡強烈風格的女性。誰說非得喝葡萄酒才能感受法式風情，這芬芳洋溢的啤酒泡沫，也能給你同樣的浪漫感受。

Kronenbourg

網址：www.1664blanc.com
種類：白啤酒
色澤：混濁的淡黃色調
香氣：丁香、柑橘，混著淡淡花果香氣
風味：氣泡綿密，口感滑順
特色：適合於 10℃ 至 12℃ 飲用

塔伯特修道院三麥金啤酒

○

La Trappe Tripel

唯一荷蘭正宗修道院啤酒

　　正統修道院啤酒（Trappist）在啤酒愛好者眼中，有著無可取代的崇高地位。它必須經過國際特拉皮斯協會（The International Trappist Association，ITA）認證，才能以此自稱。而目前全球被認證的十一家修道院啤酒中，只有一間塔伯特修道院（La Trappe）位於荷蘭，其餘均位於比利時。

　　修道院的故事起源於 19 世紀末，位於法國和比利時邊境的一間修道院，因為法國大革命後不斷被攻擊跟掠奪，於是派遣神父到荷蘭建立康寧舒文修道院（Koningshoeven Abbey），並在幾年後開始釀酒事業。

　　和多數修道院不同，它從一開始的經營策略就相當的企業化，並僅擁有全自動的裝瓶產線，還有巴氏殺菌設備，除了有直營與契約店家之外，也幫其他品牌做代釀。這樣的經營理念，一直飽受爭議，還曾在 1995 年被 ITA 除名，直到 2005 年才恢復正統修道院啤酒的名稱。

　　這款三麥金啤酒，屬比利時三倍愛爾啤酒，這類酒通常酒體渾厚，味道層次複雜，但不至於過重，常被視為佐餐酒。其和諧的味道從果味開始，帶著香蕉及泡泡糖的氣味，入口帶豐富的柑橘味道，並附帶著香蕉、橙及桃味；後段轉向烘烤的焦糖味，回味有酵母與芫荽轉向麥芽焦糖味。

La Trappe

網址： www.latrappe.nl
種類： 比利時三倍愛爾
色澤： 琥珀色
香氣： 前段為果香，後段為麥芽香氣
風味： 清淡溫和，口感均衡
特色： 可作為精釀啤酒入門款

andrebanyai／Shutterstock.com

060

美國
6.2%

拉古尼塔斯 IPA 啤酒

Lagunitas India Pale Ale

美國教父級精釀啤酒

　　崛起於 90 年代的拉古尼塔斯（Lagunitas），歷史尚稱不上悠久，規模上也不過是一個小酒廠，但卻名列全球百大酒廠之一。在啤酒的一級戰區北加州，它被譽為最佳酒廠。不僅如此，其離經叛道、玩世不恭的品牌個性，更是深具不羈的加州精神。曾經，它有一個酒款因取名太像大麻品種而被禁用，結果廠方直接在原有酒標蓋上一個「禁用」，然後繼續販賣，結果大受歡迎。喝一口拉古尼塔斯，就彷彿呼吸了加州自由狂放的空氣！

　　1980 年代末，熱愛音樂的東尼瑪吉（Tony Magee）到了舊金山北方的小鎮，恰好遇上美國西岸興起的精釀啤酒運動，這位懷才不遇的音樂家於是決定投入到啤酒釀造事業中，在 1993 年開設了這間酒廠。

　　這款印度淡色愛爾（IPA）不僅是酒廠的經典酒款，更被譽為西岸風格 IPA 教科書，在精釀啤酒領域，有著教父級的崇高地位。它飽滿的酒花香，從開瓶那刻就湧出，伴隨著柑橘、松針，以及白葡萄酒、李子、香料、胡椒與麥芽的芬芳，在品飲間不斷驚豔著鼻息。水果甜味與適度的苦味則交融均衡。複雜而迷人的滋味，一嚐就上癮。

　　稟持著創辦人對音樂的熱愛，拉古尼塔斯至今仍舉辦著音樂啤酒嘉年華，內容除了音樂、超巨量啤酒外，還有各種瘋狂變裝、遊樂園、雜耍與馬戲團，狂歡沒有極限。想起拉古尼塔斯 IPA，就聯想到放肆狂歡，難怪大家說是最佳轟趴酒款！

Lagunitas

網址：www.lagunitas.com
種類：IPA
色澤：淺橘黃色
香氣：柑橘果香與松針香，豐盈飽滿的啤酒花香
風味：苦度鮮明，有著白葡萄、鳳梨果香，苦味均衡綿長
特色：可以跟各種餐點搭配，適合當佐餐酒

徠福金修道院啤酒

○

Leffe Blonde

泡沫強勁，味道飽滿

談到比利時啤酒，徠福金修道院啤酒（Leffe Blonde）是很少不被提及的一款。它雖然不是經過認證的正統修道院啤酒，但它隸屬於全球最大啤酒公司安海斯 - 布希英博集團（Anheuser-Busch InBev SA/NV），是最強大啤酒名門的一員。

正所謂背靠大樹好乘涼，在集團行銷資源的力挺下，這款啤酒在比利時各大超市、酒吧、機場免稅店的架上，甚至在世界許多國家都能買得到。對於在海洋彼端的我們來說，它似乎比遠在天邊而高不可攀的正統修道院啤酒，更加可親許多。

說起它的釀酒歷史，那可是極為悠久的。徠福修道院位於比利時南部那慕爾省（Namur）的默茲河（Meuse）畔，其建立於 1152 年，並於 1240 年開始釀造啤酒。利用代代相傳的釀造知識與技藝，以及在周邊地區發現的自然成分，院方釀造出自己獨特風味的酒款。幾經戰亂與時代變遷，現在的修道院與商業啤酒廠間，是透過合約協議運作。那些屬於徠福的酒款，是在支付給修道院特許使用費下，被准許釀造出售。

徠福金修道院啤酒採上層發酵法釀製，酒體呈橘子般的色調，酒泡綿密而強勁。它入口的感覺滑順，飽滿的滋味中帶著乾澀，連尾韻也很搶戲，每一口都份量十足。當餐前開胃酒，能瞬間打開味蕾，與紅肉料理堪稱絕配。

Leffe

網址：leffe.com

種類：金啤酒（BLOND）

色澤：金橘色

香氣：花香、辛香，帶有香草和丁香的味道

風味：麥芽味與丁香的草本味融合，甜美與甘苦均衡呈現

特色：建議於 8℃ 飲用，搭配起司可提升品飲經驗

VidEst／Shutterstock.com

133

利奧波德 7 啤酒

Leopold 7

現代與古典的結合

尼古拉‧德克萊爾克（Nicolas Declercq）和東奇‧范德艾根（Tanguy van der Eecken）於 2013 年開始了他們的啤酒冒險之旅。在庫蒂安（Couthuin）的艾斯拜村（Hesbaye）中，一座名為馬爾辛（Marsinne）的啤酒廠座落在遼闊的農場中，這便是啤酒冒險旅程的起點。此後，不到十年間，他們釀製的作品已經在許多啤酒愛好者心中留下深刻的印象。

根據被塵土掩埋的箱子中所發現的文獻，此地在 19 世紀中葉，已經存在過一間啤酒廠，它是由名為利奧波德（Leopold）的家族所經營的。再而東奇和尼古拉所生產的啤酒，是由七種原料製成，包含三種穀物（兩種麥芽和一種小麥）與三種啤酒花（兩種芳香和一種苦味），第七種成分則是廠方所謂的「利奧波德風味」，賦予啤酒特有香氣。所以，這款酒就這麼被定名為利奧波德 7（Leopold 7）。

正如品牌名所揭示，這款酒不僅延續了古典的傳統滋味，同時也演繹著一種新世代的理念。在生產程序上，努力實踐永續發展的精神，蒸汽回收、水處理的優化、獨家使用比利時大麥、與庇護工場合作、安裝太陽能泵，以及安裝由地方當局資助的太陽能電池板等等。

當你掀開瓶蓋暢飲這款啤酒，享受著的不僅是豐潤的口感、豐盈的果香、層次豐富的韻味變化，更參與了這場新與舊共同攜手的永續革命！

Marsinne

網址：www.leopold7.com
種類：比利時黃金愛爾
色澤：微微混濁，帶光澤的琥珀色
香氣：柔和的調性，從酒花氣息逐漸轉變為果香
風味：細緻清爽，味覺豐富卻和諧，尾韻綿延
特色：除經典瓶裝，還有季節性銷售的罐裝口味

barinart／Shutterstock.com

琳德曼櫻桃酸啤酒

Lindemans Kriek

水果酒中的精品

　　琳德曼（Lindemans）無論在台灣或是歐美，都具有相當的知名度，可以說是最具代表性的比利時自然酸釀啤酒了（Lambic）。我們在架上最常看見的幾種口味，包括蘋果、黑糖和覆盆子，都是在 1980 年之後才陸續推出的。相較下，這款添加歐洲酸櫻桃的口味，則是歷史悠久的傳統口味，更加經典。

　　酒廠成立於 1822 年，原來是農舍的酒坊，農夫為了追求農場主人的女兒，利用農閒製作啤酒，以證明自己的能力。兩百年來的歷代釀酒人，將世界上最古老的釀酒方式傳承下來，沿用至今。其採用自然發酵法，利用當地的風土條件，以空氣中微生物所產生的酵母，來進行釀造。野生酵母釀出的啤酒風味，是獨一無二而無可取代的。

　　要釀製這款酒，必須使用 30% 以上的未發芽小麥，釀製期約為一至三年不等，接著加入櫻桃果汁調味，賦予獨特的酸甜果香。清爽的酸味、自然的甜味、濃郁的芬芳，而且完全沒有苦澀味，細緻而順喉的品飲經驗，特別受到女性朋友歡迎。

　　除了討喜的果味之外，其餘的味覺表現也十分均衡而出色。餘韻之中，良好的澀感，沒有過於喧囂的雜味，顯得純淨而安寧，耐人細細追尋，是味覺中的精品。誰說品飲啤酒，非得追求強烈、濃厚或俐落？輕盈的酸甜滋味，同樣值得細細品味，珍藏於心。

Lindemans

網址：www.lindemans.be
種類：自然酸釀啤酒（Lambic）
色澤：略帶暗沉的鮮紅櫻桃色
香氣：糖漬櫻桃的香氣
風味：香氣鮮明，酒體輕盈，清爽中帶些許澀味
特色：用香檳杯品嚐，更能體現風味

Marc Venema／Shutterstock.com

迷情海岸・
鬧區的伯朗哥棕色愛爾啤酒

Lost Coast Downtown Brown Ale

暢飲加州海岸風情

迷情海岸（Lost Coast）酒廠的創始人是一位藥劑師芭芭拉葛倫姆（Barbara Groom），她在長達二十年的忙碌工作之後，沿著加州著名的101號公路開車旅行。在路上，她偶遇了霍普蘭（Hopland）啤酒廠盛大開幕。熱愛啤酒的芭芭拉，一時對人生有了新的想法，決定投入啤酒釀製事業。她全心投入準備，並於1989年開創了這個以加州著名「迷情海岸」（Lost Coast）為名的啤酒品牌。

雖然這是一時興起的瘋狂決定，但迷情海岸成立之後快速建立了知名度，成為美國第41大精釀啤酒廠，產品行銷至美國24個州及全球22個國家。其總部位於加州尤里卡（Eureka）市中心內，一座擁有百年歷史的建築，吸引了全球啤酒迷拜訪朝聖。

釀造啤酒的洪堡灣地區（Humboldt Bay）氣候在海洋的調節下溫和涼爽，全年平均溫度為攝氏13度，非常適合愛爾酵母的上層發酵，理想的天氣讓釀造品質非常穩定。芭芭拉身兼釀酒大師，採用西部平原出產的大麥和小麥，以及在地特有的純淨水源，釀造出西部海岸風格的味道。

這款棕色愛爾啤酒，擁有滑順且香氣飽滿的中等酒體，清爽的啤酒花香，加上從英國進口的巧克力和焦糖麥芽香氣，是最具有特色的部分。正如它充滿加州歡樂氛圍的名稱「鬧區的伯朗哥」，在品飲之間，感受得到屬於加州獨有的奔放舒暢。

Lost Coast

網址：www.lostcoast.com
種類：英式棕啤酒
色澤：深棕色
香氣：巧克力和焦糖麥芽香味
風味：中等酒體，口感滑順，餘味乾爽
特色：適合喜歡深色啤酒，但又不希望酒感太強的人

Steve Cukrov / Shutterstock.com

德國

5.2%

盧雲堡原創啤酒

Löwenbräu Original

輕盈苦韻的細膩口感

　　慕尼黑啤酒節於 9 月末到 10 月初在德國的慕尼黑舉行，又稱十月節，每年都吸引了幾百萬人參加，被譽為世界最大的慶典。從 19 世紀初開始，盧雲堡啤酒廠就開始為該節日供應啤酒，並讓大眾品嚐特殊的啤酒節啤酒（Oktoberfestbier）。作為慕尼黑啤酒節 6 間酒廠之一，它是這個啤酒之都相當具有代表性的酒款。

　　它是歷史相當悠久的啤酒廠，根據記載推測，盧雲堡大約成立於 1383 年左右。1818 年，農民出身的釀酒師喬治貝瑞（Georg Brey）買下了它，且將這間酒廠經營得有聲有色。不到 50 年間，盧雲堡酒廠便成為慕尼黑最大的啤酒廠了，生產了城市中四分之一的釀酒量。

　　悠長的歲月中，酒廠幾經搬遷，更在二次世界大戰期間遭受戰火波及，而今的酒廠已不在原址。不過，酒標上獅子圖案，來自老酒廠建築 17 世紀的壁畫，仍提醒著人們酒廠的輝煌歷史。

　　德國啤酒之所以受世人推崇為經典，因為其大都遵守 1516 年頒布的純酒令，僅能採用麥芽、啤酒花和水為原料。而這款盧雲堡原創啤酒，便強調承襲了傳統的釀製工藝，創造出最經典的慕尼黑風味。細膩的花香、輕盈的苦韻，清雅溫和的滋味，深受女性消費者所喜愛。

Löwenbräu

網址：www.loewenbraeu.de
種類：底部發酵、拉格
色澤：明亮金黃色
香氣：細膩緊湊的花香，清淡麥芽香
風味：乾爽而溫和的口感，輕盈的苦韻
特色：適合喜歡清爽口味的人

EKATERINA SOLODILOVA／Shutterstock.com

樓蘭人・白愛爾啤酒

Lowlander White Ale

草本的療癒香氣

樓蘭人（Lowlander Beer）是一家位於阿姆斯特丹（Amsterdam）的年輕啤酒廠。雖然創立於 2015 年，但始終致力於追溯荷蘭的釀造文化和蒸餾起源。這是一個主打會在釀造過程中添加天然植物香料的精釀品牌，而且致力於口味的創新，擁有眾多啤酒酒款。植物的香氣讓樓蘭人的啤酒風味獨特出色，單獨飲用或搭配食物都很棒，也很適合用來調配雞尾酒。

幾百年前，啤酒的苦味是來自於草藥，而非啤酒花。樓蘭人酒廠向悠久的釀酒歷史取經，由首席植物官（Chief Botanical Officer）主導植物香料的調配，為啤酒增添風味。在荷蘭，有著相當悠久的植物香料歷史，從大航海時代開始，探險家們從世界帶回各式各樣的珍貴藥草和異域香料，使荷蘭人用味蕾就能旅行世界。而今，城市內仍開著幾百年歷史的香草店，任樓蘭人的調酒師們揮灑靈感，創作滋味。

這款植物性釀造的白啤酒，採用了柑橘、接骨木花與洋柑橘來增添風味，品飲起來不僅有清新的熱帶果香，更有來自藥草的療癒舒緩，香氣雖然清淡，卻感覺能深入鼻息，撫慰心靈。很難想像，喝啤酒也能像喝花草茶一樣，如此平靜而放鬆。搭配這款酒的食物，味覺不宜過於強烈或喧鬧，只要口味清淡即可。輕盈的沙拉、清淡的海鮮，用味覺來個舒緩的SPA 吧！

Lowlander

網址：shop.lowlander-beer.com

種類：白愛爾

色澤：混濁的淡金黃色

香氣：有柑橘、接骨木花和洋柑橘香氣

風味：清爽滑順，花果香調

特色：適合搭配清淡的蔬菜或微鹹的海鮮

Marc Venema／Shutterstock.com

馬樂修道院 10 號三麥金啤酒

Maredsous 10 Tripel

強勁渾厚，酒帽紮實

　　馬樂啤酒源自於比利時那慕爾市（Namur）南部歷史悠久的馬樂修道院。這個座落於山谷間的新哥德式的建築，修建於 1872 年，一直到現在，僧侶們於修道院起居、工作，並尊崇聖本篤修會的教規。為了融入現代社會，他們為書店、數據中心或修道院的各個單位工作，也從事藝術及起司的生產。

　　儘管馬樂啤酒源自於修道院，但時至今日它已經不在那兒釀製了，而是在法蘭德斯（Flanders）的杜瓦摩蓋特啤酒廠（Duvel Moortgat）生產。但是其產品仍遵循著沿襲至今的配方與工序，堅持以高品質的原料，以及至少三個月的發酵期，更使其在裝瓶後繼續自然發酵，以創造出充滿層次的風味。

　　這款酒精濃度 10% 的啤酒，有著強勁而渾厚的風味，苦韻明顯。它的氣泡細膩，黏度高而持久，口感相當綿密。鮮明而集中的香氣，還沒入口就充斥呼吸之中，飲入後更是變化萬千，柑橘與草本風味主導下，蜂蜜與花香細膩綿長。優雅的酸度，讓苦味不顯單調，反而讓人沉浸，是比利時啤酒品飲行家的心頭好。

　　馬樂旗下三款啤酒：6 號酒體輕瘦，帶青蘋果的風味；8 號則調性偏甜，酒精感突出；10 號則最為渾厚飽滿，香氣更濃郁。因此，10 號可以說是喜愛強烈風格的品飲者，不能錯過的選擇呢！

Duvel Moortgat

網址：tourisme-maredsous.be
種類：比利時三倍啤酒
色澤：深金色，微帶杏桃色光澤
香氣：柑橘、糖漬鳳梨及蘋果果香，並有蜂蜜般的麥芽香
風味：強勁而圓潤，苦韻充足，尾韻悠長
特色：適宜於 12℃ 下飲用

barnart／Shutterstock.com

美樂淡啤酒

Miller Lite

不飽脹更輕盈

以大麥芽為主要原料的啤酒，向來有「液體麵包」的稱號，喝多了總是容易發胖。你有沒有想過，如果世界上有「低卡可樂」的存在，那麼可以有「低卡啤酒」嗎？有的，它就是美樂淡啤酒。

美樂淡啤酒是美國市場上第一個成功的主流淡啤酒。1967 年，紐約生物化學家約瑟夫・奧瓦德斯（Joseph Owades）開發的加布林格減肥啤酒（Gablinger's Diet Beer）問世後，其配方在投資者之間被收購，輾轉流傳。最後才成為美樂淡啤酒，於 1975 年推出。

在行銷領域，美樂淡啤酒也是個有名的案例。當時，低卡啤酒市佔率非常低，因為喜歡大口乾杯的啤酒客，都覺得低卡啤酒很「娘娘腔」，喝起來並不盡興。廣告公司深度訪談之後，發現這種啤酒最吸引人的，並不是熱量低，而是比較不會那麼快產生脹感，能夠在酒吧裡混久一點，晚點再回家。美樂以「比較不會飽脹」做為行銷訴求，結果果然大受歡迎。

美樂淡啤酒在上市的十年內，就成為全美第二高銷量的啤酒。這不光是廣告深入人心或熱量比較低的原因，更主要是它的味道本身就很不錯。其採用來自地質深層的泉水、水晶麥芽、玉米糖漿及格里納啤酒花（Galena）製作，味道輕盈順口，不僅苦味不強，而且還有麥芽的清甜，令人不知不覺就一杯接著一杯，是朋友相聚徹夜暢談的不二選擇。

Miller Brewing Company

網址：www.millerlite.com
種類：拉格
色澤：純正的金色
香氣：麥芽與啤酒花的香氣
風味：入口有鮮明麥芽甜味，輕盈滑順
特色：具有香甜味，可搭配起司

Pinkcandy／Shutterstock.com

摩斯比・窖藏香檳啤酒

Mort Subite Oude Gueuze Lambic

和煦的野生風味

摩斯比（Mort Subite）成立於西元 1686 年，在此後的五百多年間始終孜孜不倦的釀造著啤酒，從沒有中斷過。它位於靠近比利時首都布魯塞爾（Brussel）的塞內山谷（The Senne valley），是蘭比克（Lambic）啤酒的發源地。蘭比克啤酒最大的特點是，它是通過天然酵母和暴露於塞內山谷空氣中的細菌來發酵的，而不是透過酒廠精心培養的酵母菌，這個自然發酵的過程，讓其充滿獨特風味。

在如此自然的釀造過程中，如何掌控成品的滋味，而不至於讓味道失控，釀酒大師的經驗與判斷是非常重要的。現任釀酒大師布魯諾・雷恩德思（Bruno Reinders），任職於酒廠已經 30 年了，它巧妙的馴服了野生酵母菌，還為酒廠帶來許多新的創意。而今，摩斯比在許多啤酒老饕的眼裡，堪稱是世界上最好喝的比利時酸啤酒呢！

這款窖藏香檳啤酒是許多蘭比克酒愛好者夢寐以求的明星酒款。其最大的特色是採用以橡木桶 3 年熟成的蘭比克酒調和，青蘋果的別緻果香與野生酵母的乾澀味調和，達到均衡而芬芳的口感。相較於一般香檳啤酒給人的印象，它的酸味並不過於搶戲，反而顯得相當收斂，喝起來非常舒服。喜愛酸啤酒的野生風味，但不喜過酸的品飲者，不妨試試看這一款！

Mort Subite

網址：www.mort-subite.be
種類：香檳啤酒、酸啤酒
色澤：琥珀色
香氣：青蘋果香味
風味：酸味中等，天然甘甜，尾韻清香
特色：適合不喜酸味的酸啤酒品飲者

barinart / Shutterstock.com

莫非氏愛爾蘭黑啤酒

○

Murphy's Irish Draught Stout

巧克力牛奶的濃純香

　　莫非氏（Murphy's）是愛爾蘭僅次於健力士（Guinness）規模的第二大啤酒廠，目前隸屬於荷蘭的海尼根國際（Heineken N.V.）。在被收購之前，它一度被稱為女士井啤酒廠（Lady's Well Brewery），2001年後才改成現在的名字。一直以來，它與健力士都是主要的競爭對手，廣告上總是宣稱自己沒有對手那麼苦。廣告標語即是：「就像莫非，我不苦。」

　　司陶特啤酒（Stout）是一種深色的愛爾啤酒，源自於波特啤酒的加強版，由烘焙過的麥芽或是大麥、啤酒花、水及酵母所製成，通常帶有巧克力、咖啡及煙燻的芬芳，由於口味較強烈，苦味也會比較鮮明。不過，這款莫非愛爾蘭黑啤酒卻幾乎嚐不到苦味，喝起來相當滑順。據說，這獨特的溫潤，來自科克利河（River Lee in Cork）出色的水質。

　　接近深黑的酒體，在入口的剎那，會發現它並沒有表面上看起來如此強烈而厚重。中等的酒體，洋溢著輕盈的咖啡香，以及清甜的焦糖與麥芽味，泡沫細膩而稀少，宛如深黑色的卡布其諾，牛奶般濃郁飽滿。因此，有人說它是「巧克力牛奶的遠親」。

　　如果你想試試看經典愛爾蘭風味的司陶特啤酒，卻又不希望酒感太過強烈、酒精濃度過高，從這一款入門是很好的選擇。

Murphy's

網址：www.murphys.com
種類：司陶特
色澤：接近深黑的咖啡色
香氣：焦糖和麥芽味，以及咖啡香氣
風味：中等酒體，口感溫潤順滑，幾乎沒有苦味
特色：適合喜愛司陶特卻不喜苦味者

151

歐密尼波羅・胡桃泥蛋糕啤酒

Omnipollo Noa Pecan Mud Cake

用喝的液體蛋糕

來自北歐的歐密尼波羅（Omnipollo）成立於 2011 年，至今不過十來個年頭，在啤酒的領域裡，是個非常年輕的牌子。但是，它卻以特立獨行的風格與大膽創新的口味，短時間內就在全球打響名號。

歐密尼波羅就像它宛如念經般的名字一樣，品牌風格帶有荒誕的幽默感和個性色彩。「Omni」在拉丁文中是萬象、全能的意思，而「pollo」則是拉丁文中的雞，因此它的商標即是以圖像化的字母，排出一隻小雞的圖案。真是無厘頭到令人印象深刻。

這款胡桃泥蛋糕啤酒（Noa Pecan Mud Cake），便是酒廠打響名號，卻又充滿爭議的一款啤酒。酒廠聲稱，因為釀酒師在還沒有從事啤酒業之前，兒時的夢想是成為烘焙王，他將未完成的志向投注到這款司陶特（Stout）中，調製出這充滿驚喜與衝突感的甜點風味。當酒體滑過味蕾的時候，品飲者腦海浮現的是焦糖、綿密滑順的鮮奶油、午後蛋糕店溢出的香氣、灑滿核桃的磅蛋糕。入口極度柔滑的口感，甜得讓人想吹蠟燭或唱起生日快樂歌。

啤酒中使用可可、椰子、肉桂等烘焙原料，大膽之舉贏得媒體上不少讚賞；但也有品評者，對於其在啤酒中使用大量添加物不以為然，認為這使得啤酒失去原有的風味與平衡，成了糖漿、奶昔一般的玩意。無論如何，這充滿話題性的味道，已經為這款啤酒贏得許多注意！

Omnipollo

網址：omnipollo.com
種類：黑啤、司陶特、愛爾
色澤：深黑色
香氣：烤麥芽、焦糖、巧克力、核桃氣息
風味：極度柔滑，麥芽香甜迸發齒間，宛如液體的磅蛋糕
特色：濃度偏高，需適量飲用

andrebanyai／Shutterstock.com

153

歐瓦樂修道院啤酒
○
Orval

修道院啤酒的經典酒款

　　說起歐瓦樂（Orval）的鼎鼎大名，啤酒界可謂無人不知曉。這款使用頂層發酵的正統修道院啤酒，是款具有典型比利時風格的愛爾啤酒，淡琥珀紅色的酒體，散發著木質香、花香以及麥香的柔和調性，熟成時採用了冷泡酒花的技法，釀造出鮮明的柑橘、檸檬皮、陳皮風味，酵母所散發出的花果調性也十分獨到而出眾。其被視為正宗修道院啤酒（Trappist）的經典代表。

　　比利時的修道院僧侶於 5 世紀就開始釀造啤酒，以支持修道院基本開支並用以推動地方慈善事業。根據文獻記載，早在 10 世紀時歐瓦樂修道院便已經存在了，一群來自義大利的僧侶抵達，莊園的領主歡迎它們，並從自己的領土中授予他們領土。啤酒廠創建於 1931 年，設於修道院之內，至於營業所得用於協助在地的重大建設。

　　這款啤酒之所以風味獨特，光從它複雜的釀造方式看得出來，首先，它的水源富含碳酸鈣，以兩種不同的麥芽和兩種不同的啤酒花釀造。它的發酵過程複雜，經過第一次發酵槽發酵後，第二次發酵時使用內含十種菌株的酵母，在發酵槽內發酵三週，並加入啤酒花。裝瓶後再加入酵母與紅糖，接著再進行窖藏。

　　因此這瓶啤酒可以直接開罐飲用，也可以稍放一陣子，放得越久則味道越乾，酒花香味越淡。不同時間喝，可以嚐到不一樣的精彩喔！

Orval

網址：www.orval.be
種類：修道院啤酒
色澤：混濁的琥珀紅色
香氣：濃郁鮮明的花果香氣
風味：一入口是酸味，而後轉變為甘苦，尾韻綿延
特色：隨陳放時間不同，口味也有變化

andrebanyai／Shutterstock.com

朋恩・老香檳酸啤酒

○

Oude Geuze Boon

嗜酸者的心頭好

老香檳酸啤（Oude Geuze）是一款以蘭比克酒（Lambic）為基礎的啤酒，其名稱意味著「用古法釀造的酸啤酒」。生產這類酸啤酒的酒廠早年散落在布魯賽爾（Brussel）周邊，雖然酒有著花香與果香濃郁，卻在入口時帶有酸勁，使得許多人淺嘗輒止，銷量越來越差。

當這些酒廠面臨到時代變遷而逐漸凋零，年僅 21 歲的釀酒師法蘭克・朋恩（Frank Boon）卻從沒有繼任者的廠主手中承接下德維茲釀酒廠（De Vits），於 1975 年創立朋恩（Boon），不僅引進現代化的製程，更將它擴建得更有規模，遷到現今的廠址。這在當時的啤酒界，可是一件不小的新聞。

老香檳酸啤採用傳統的無糖蘭比克酒，以 60% 的麥芽和 40% 的小麥釀造而成。作為材料的蘭比克酒首先經過橡木桶的陳釀，然後以 75% 的 18 個月酒和 25% 的 3 年酒調和。調和裝瓶後，仍必須放在地窖中繼續發酵數個月。如此費工，才能造就這擁有清新果香卻十分濃郁的酸啤酒。

對於年輕的啤酒愛好者來說，傳統酸啤的味道和自己的味覺經驗大相徑庭，初入口時往往難以接受。然而，一旦跨過了這一關，那種滿口芬芳，餘韻不止的濃郁卻無可取代。所以，儘管酸啤酒愛好者為數不多，卻總是十分死忠。而朋恩老香檳酸啤酒更是值得一再品嚐的經典滋味。

Boon

網址：www.boon.be
種類：酸啤酒、香檳啤酒
色澤：渾濁卻帶著光澤的黃色
香氣：以青蘋果為主要基調的果香，帶些許草香
風味：入口清新，柑橘般的酸味，尾韻不絕
特色：於 14℃ 以下飲用

J.Croese／Shutterstock.com

沛羅尼啤酒

Peroni Nastro Azzurro

時尚優雅，清新爽口

說到義大利，總令人聯想到高貴的時尚品牌。產自義大利羅馬的沛羅尼啤酒，雖然不是來自德國、比利時、荷蘭等知名的啤酒產國，但它別緻而細膩的滋味，節制而均衡的味道，讓飲用體驗充滿奢華感，堪稱是啤酒中的義大利精品。

創立於 1846 年的維傑瓦諾（Vigevano）的沛羅尼酒廠，成立至今已有一百多個年頭。悠久的歷史中，廠方秉持著精益求精的工藝精神，將釀製啤酒視為打磨精品，每一瓶成品的質量都要能臻於完美。

這款淡色拉格是酒廠的扛鼎之作，名稱中的「藍絲帶」（Nastro Azzurro）一詞，源自於 1930 年代橫跨大西洋帆船比賽中，速度最快的義大利籍遊輪所獲得的藍絲帶獎。廠方設定了精準的定位與目標來研製口味：強勁的酒體結構，必須包含清爽、不單薄、不酸澀的特點，融合為均衡的口感；氣泡除了豐富強勁之外，更必須細膩靈巧，讓味蕾感受到啤酒氣泡刺激時，仍可以明顯地品味到沛羅尼獨到的清新爽口。為此，釀酒師在繁複釀造過程中，堅持以純水製造，並加入新鮮酵母，以賦予酒體清冽爽口的口感。

追求極致的匠人精神，使得這款酒推出後廣受喜愛。沛羅尼成為精緻時尚的代名詞，與全球流行文化緊密結合並和時尚品牌合作，從羅馬、米蘭到倫敦，風潮遍布全歐洲，暢銷英國、澳洲、美國等 50 多個國家。

Peroni

網址：www.peroni.it
種類：淡色拉格
色澤：金黃色
香氣：淡淡啤酒花香
風味：輕盈爽口，清新均衡，餘韻淡雅
特色：內斂口感，和任何食物都很搭，適合當佐餐酒

urbanbuzz／Shutterstock.com

皮爾森歐克啤酒

Pilsner Urquell

下層發酵啤酒的宗師

一般提到「皮爾森」（Pilsner），多半指的是啤酒的種類。其名字源自捷克的皮爾森市（Pilsen），特色在於清澈金黃的酒體與獨特啤酒花乾爽微苦的香氣，兩者使得它在 1842 年推出後就造成了一股旋風，更因為它明亮金黃的色澤，推動了透明啤酒杯的盛行。而今，皮爾森啤酒已經佔了全球啤酒產量的 80%。

「皮爾森歐克」（Pilsner Urquell）就是造就這個風潮的始祖。它推出的時候，主流的啤酒是上層發酵的，儘管皮爾森市的人們已經懂得底層發酵啤酒的方式，但其卻沒有成為主流。喜愛底層發酵啤酒的市民們投資了一家全新的啤酒廠，並聘請巴伐利亞釀酒商喬瑟夫・葛洛（Joseph Groll）來開發產品，這款新啤酒於焉誕生。

釀製這款酒，除了使用品質優良的麥芽和捷克當地酒花之外，還得懂得掌握複雜的釀製工法，加熱部分麥汁後再加回主麥汁的釀製槽裡。同時，酒還必須在溫度穩定的地窖中熟成，才能成就層次豐富的香氣。

隨著這款啤酒的風行，市場上很快出現皮爾森風格啤酒的類別。而創始的釀酒廠為了有所區別，便在 1898 年將「皮爾森歐克」（Pilsner Urquell）註冊為商標。喜歡啤酒的你，鐵定也是皮爾森啤酒的愛好者吧？那麼，這款啤酒你又怎能錯過？

Plzensky Prazdroj

網址：www.pilsnerurquell.com
種類：皮爾森啤酒、拉格啤酒
色澤：帶光澤的金黃色
香氣：清新爽口，微微帶著苦韻的細膩
風味：有濃密的泡沫，完好封存了香氣和味道
特色：酒帽濃密但消逝快，宜儘速飲用

DenisMArt／Shutterstock.com

捷克皇家 EPA 啤酒

Primator English Pale Ale

苦與甜的交響

捷克是舉世聞名的啤酒王國。在這個國度，人們的口頭禪便是：「啤酒造就好身材。」曾經有人統計，這裡平均每個人一天會喝掉一瓶啤酒，連德國都難以媲美。此地氣候特別適合啤酒花生長，啤酒的歷史淵遠流長，源頭已經不可考，可能要追溯到至少西元前八百多年。

皮沃瓦爾‧納霍德（Pivovar Náchod）是一間市立啤酒廠。1871年，當時的市長伯日克（Bořík）建廠的提案獲得市議會的批准，酒廠於是在翌年成立，並在第一任釀酒師安東尼盧茲（Antonín Lutz）的監製下，開始產出啤酒。由於業務蒸蒸日上，酒廠在 1930 年收購了一家新的啤酒廠，並開始使用「捷克皇家」（Primator）這個品牌。

酒廠採用來自布魯莫夫斯科（Broumovsko）自然風景保護區的純淨泉水，以淡麥芽、小麥麥芽及煙燻麥芽的混和搭配，以及多款歐洲雌性啤酒花為原料，並遵循捷克啤酒的傳統製造工藝釀酒。其大規模、現代化的生產方式，是捷克非傳統啤酒的先驅。

這款捷克皇家 EPA 啤酒，是典型的英式艾爾啤酒。其分別採用了多款不同的啤酒花，以及不同品種麥芽，釀製出豐富且變化萬千的滋味。清新花香與果香佐著鮮明的苦味入喉，接著味道逐漸改變，在口腔內留下韻味十足的乾果香及焦糖味，是先苦後甘的最佳演繹。尾韻悠長，回味無窮，喜愛苦味的啤酒客，一定要試試它！

Pivovar Náchod

網址：primator.cz
種類：英式淡色愛爾啤酒
色澤：接近紅石榴色的深琥珀色
香氣：玫瑰、葡萄柚皮和醋栗果香
風味：入口有強烈苦味，餘韻轉為乾果香氣和麥芽味
特色：特別推薦給嗜苦的品飲者

Constantin Iosif／Shutterstock.com

瑞福 10 修道院啤酒

Rochefort Trappistes 10

四倍愛爾，香甜濃韻

瑞福啤酒廠（Brasserie de Rochefort）是一家比利時南部的啤酒廠，隸屬於聖雷米修道院（Notre -Dame de Saint-Remy），生產由國際特拉皮斯協會（The International Trappist Association, ITA）認證的修道院啤酒。它所出品的啤酒，以酒瓶上的數字顯示其麥汁濃度，數字越高則酒精濃度越高，且口感越濃郁豐厚。

從現有的文字紀錄追溯，至少從 1595 年開始，修道院及啤酒廠便已經存在了。無奈後來遇到戰火，在法國大革命的動亂期間遭到入侵，修士們只好遠走他方，任其閒置荒廢。1887 年，一批修士來到這裡，才在眾人的協助之下，將其重建。他們採用修道院內一口井的井水來釀酒，並將售酒所得用於維持修道院營運和支持慈善事業。

這款於第二次世界大戰後推出的 10 號啤酒，屬於比利時四倍愛爾（Belgian Quadrupel Ale）。其以經典的皮爾森麥芽及焦糖麥芽為原料，在釀造過程中浸泡糖，並以瑞福修道院本身的傳統酵母來發酵，味道厚實濃韻卻十分香甜，並不會過於強烈。

初入口時，你便能感受到豐富的層次與醇郁口感，圓潤飽滿的酒體帶有巧克力及咖啡氣息，後段則伴有果香，餘韻綿長。

Abbaye Notre-Dame de Saint-Remy-Rochefort

網址：www.trappistes-rochefort.com
種類：比利時四倍愛爾
色澤：類似黑色的深棕色
香氣：高雅烘焙味，有焦香感
風味：入口醇厚，焦香鮮明，有巧克力與咖啡的調性
特色：酒精濃度高，飲用時宜適量

andrebaryal／Shutterstock.com

西貢出口型啤酒

Saigon Export

繼承法式啤酒血統

越南、寮國和柬埔寨在上世紀曾是法國殖民地，統稱法屬印度支那。來自歐洲的移民者帶來了現代文明，也帶來了飲食文化，啤酒就是其中之一。三國的啤酒釀酒廠最早設立在西貢和河內，成就了如今相當知名的西貢啤酒（Saigon Beer）和河內啤酒（Hanoi Beer）。其中，以西貢啤酒最為世界所熟知。

1875 年，法國人維克多拉格（Victor Largue）在西貢古城中心的黃金地段，即現今的胡志明市（Ho Chi Minh City），創立了一間小型啤酒廠，被視為西貢啤酒的前身。1977 年，已經獨立且統一的越南，政府指定由南方啤酒公司（Southern Brewery Company）經營。1977 年，其更名為 BSG 工廠，1993 年正式更名為西貢啤酒公司（Saigon Beer Company）。

目前市面上西貢啤酒，包含 333 優質啤酒（333 Premium）、西貢拉格啤酒（Saigon Lager）、西貢出口型啤酒（Saigon Export）、西貢特選啤酒（Saigon Special）四個酒款，各有其獨特風味。其中，紅色包裝的出口型啤酒，味道清淡順喉，麥香圓潤飽滿，是最受大眾喜愛的口味。

近年來西貢啤酒在德國、美國、日本、荷蘭等地慢慢打開了市場，在台灣也能輕易買到。擁有一百多年歷史的經典風味，相信不會讓你失望。

Sabeco

網址：www.sabeco.com.vn
種類：拉格
色澤：淺金黃色
香氣：輕盈圓潤的麥芽香氣
風味：泡沫細膩，甘香醇厚，暢快順喉
特色：適合冰涼後飲用

杜邦季節啤酒

○

Saison Dupont

冬藏夏嚐，豐收香氣

　　季節啤酒（Saison）源自比利時南部法語區，是為了因應不宜釀酒的炎熱夏季而事先儲放的啤酒。因為是農餘的產物，所以季節啤酒的顏色、酒精濃度不太穩定，且常投入香料跟啤酒花冷泡，以防啤酒變質。相較於其他製程與原料經常有嚴格規定的啤酒類別，這顯然是更自由隨性而具生活感的口味。為了可以在夏日有效清涼解渴，高含氣量、富香料味、口感乾爽，則是經常出現的特色。

　　杜邦（Dupont）啤酒廠位於比利時埃諾（Hainaut）中部的托比斯鎮（Tourpes），源自於 1759 年的一家古老農莊，它從 1844 年開始釀造啤酒，季節啤酒就是早期被釀製出的酒款。1950 年代之後，酒廠專注於釀造瓶中再發酵的頂層發酵啤酒，啤酒被裝瓶以後，會注入活的酵母進行二度發酵，使其產生漂亮的泡沫。

　　這款杜邦季節啤酒同樣屬於再次發酵的頂層發酵啤酒，自 1844 年問世以來，它在冬季時被釀造出來，接著藏於地窖中經過二度發酵，到了夏天提供給開始耕作的農夫飲用。開瓶後是柑橘調性，中段轉為丁香及胡椒的草本風味，尾段有穀物焦香及胡椒感，收尾乾爽俐落。來自酵母的優雅香氣與苦味，以及大量的細緻酒泡，喝來非常舒爽。搭配農家常見的排骨、燉肉、雜燴等料理，也很適合。

Dupont

網址：www.brasserie-dupont.com
種類：季節啤酒、上層發酵、愛爾啤酒
色澤：偏橘的古銅色
香氣：柑橘調性香氣，繼而轉為草本辛香
風味：整體風味複雜卻和諧，口感清爽
特色：可以搭配小菜作為開胃酒

barnart／Shutterstock.com

山謬亞當斯・波士頓拉格啤酒

Samuel Adams Boston Lager

多層次的風味轉變

　　而今的世界，已經被精釀啤酒席捲，其中也包括精釀啤酒運動蓬勃發展的美國。但在這波浪潮之前，上個世紀 90 年代，美國啤酒市場，酒架上能看到的選擇，就只有兩種：當地的商業啤酒或來自歐洲的進口啤酒。改變此現象，讓啤酒市場百花齊放的人，就是波士頓啤酒廠的創辦人——德裔的吉姆・科奇（Jim Koch）。

　　這個擁有哈佛大學法律及商學碩士學位的高材生，辭去了在波士頓顧問集團的工作，根據在閣樓發現曾曾祖父所遺留下來的酒譜，在自家廚房釀起了第一批的山謬亞當斯啤酒。他一反當時流行的商業啤酒風格，開始釀起風味濃郁、性格強烈的啤酒。創業成功後更幫助不少新創啤酒廠實踐夢想，堪稱是美國精釀啤酒運動的一大推手。

　　身為酒廠旗艦商品，這款波士頓拉格啤酒源自於創辦人家中 1870 年代的老酒譜，並經過當代知名釀酒師喬瑟夫・奧維德（Joseph Owades）的調整修改。在酒汁的處理上，採用德國傳統的煮出法，分段投入高溫麥汁，以產生更鮮明而有層次的焦糖與麥芽風味。為了增添風味的深度，不僅在煮沸時使用兩種酒花，更以花香及柑橘調的酒花進行冷泡。

　　這就是為什麼這款拉格香氣如此濃郁，一開瓶就撲鼻湧來。入口時為柑橘調性，中段轉為草本風格，及至尾段則有餅乾及少許杏仁感，尾韻乾爽俐落。

Boston Brewery

網址：www.samueladams.com
種類：拉格
色澤：純正金黃色
香氣：馥郁花香，及鮮明的啤酒花香氣
風味：口感乾爽且有麥芽的甜，尾韻苦澀綿長，收尾清新
特色：酒帽豐富，但消散快

barnart./Shutterstock.com

081

英國

5%

塞繆爾史密斯・印度愛爾啤酒

Samuel Smith India Ale

堅持傳統，有機滋味

英國約克郡（York），擁有近 2000 年的文化歷史，以境內的中世紀古城牆，每年吸引無數觀光客來此朝聖。它是英國皇室的發源地，又被稱為「上帝之郡」，從當初英國人初到美洲大陸時，將登陸地點稱為新約克（New York），就知道約克的重要性。

作為此地歷史最悠久的精釀啤酒廠，塞繆爾史密斯（Samuel Smith）確實有著傲視群倫的資歷。其始創於 1758 年，幾百年來始終保有著小規模及獨立家族經營，對於古法釀造的堅持，讓其聲名遠播。酒廠現任經營者，與品牌同名的接班人，在接受訪問時提到，約克人為自己的傳統而驕傲，對於許多事情特別固執。

例如，到現在酒廠仍採用當地獨特的傳統石板開放式發酵槽，且堅持旗下的啤酒都以全天然有機方式釀造，從原料到成品都符合美國農業部有機認證（USDA-Organic）、英國農業部有機認證（UK Soil Associaton）以及素食協會認證（The Vegan Society）。更誇張的是，他們今日還在用馬在周邊城區運送啤酒！

這款印度愛爾啤酒誕生於 1978 年，瓶身酒標是航海中的船隻，不僅延續了英國日不落帝國的自豪，也呼應了 IPA 啤酒即誕生於長途航海運送的需求。入口可感受到英國啤酒花的柑橘調，中段轉為太妃糖焦香、辛香，花香至尾韻徹底迸發。是苦味較為溫和的一款 IPA。

Samuel Smith

網址：www.samuelsmithsbrewery.co.uk
種類：印度愛爾啤酒
色澤：澄亮琥珀色
香氣：突出的啤酒花風味，入口果香，尾勁花香
風味：氣泡感低，酒體中等，入口能感受到果香
特色：適合於 10℃ 至 11℃ 飲用

barinart / Shutterstock.com

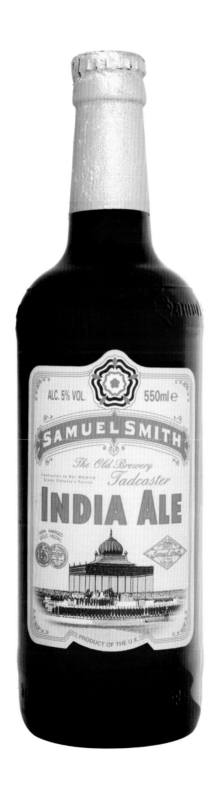

生力拉格啤酒

San Miguel Premium Especial Original Lager Beer

大排檔好搭檔

　　生力（San Miguel）是全球前十大啤酒品牌，無論是本產國菲律賓、西班牙或香港，都有著第一名的市佔率，在台灣亦是穩坐進口桶裝生啤酒的冠軍寶座。在香港的大排檔，食客最愛以俗稱的「戰鬥碗」來盛裝生力啤酒，搭配熱騰騰的菜餚一起享用，大口吃肉大碗喝酒，好不爽快。人們對它的喜愛，甚至超越了香港經典的老品牌「藍妹啤酒」（Blue Girl）。

　　雖說生力啤酒在香港有自己的釀酒廠，甚至讓人誤以為是香港民間品牌，但它真實的國籍是菲律賓。1890 年，生力釀酒廠成立，是東南亞第二家啤酒釀製公司，和許多亞洲歷史悠久的啤酒廠一樣，它的出現和殖民者往往有著莫大的關係。西班牙商人恩里克・巴雷托（Enrique Barretto）向西班牙王室申請皇家特許狀，把自己家改造成釀酒廠。這個最初的釀酒廠坐落於馬尼拉的聖米格爾（San Miguel），也就是生力品牌的名字。

　　早在 1895 年，生力啤酒就在「菲律賓博覽會」（The Exposition Regional de Filipinas）會中勇奪金牌，獲得「太平洋的驕傲」稱號，此後更是經常獲得國際獎項的肯定。其以獨特釀製配方，採用酒廠獨家私有的純淨山泉水，精選高品質麥芽與自產的酵母，釀成色澤金黃、麥香醇郁又順口的啤酒。想要品嚐道地口味的拉格啤酒？試試看生力啤酒吧！

San Miguel Brewery

網址：www.sanmiguelbrewery.com.ph
種類：拉格
色澤：金黃色澤
香氣：溫和麥香與純正酒花香
風味：酒質清澈，味道溫和，醇郁又順口
特色：冰涼時飲用風味最佳

札幌優質啤酒

○

Sapporo Premium Beer

從原料就嚴格把關

　　札幌啤酒公司（サッポロビール株式会社）創立於 1876 年，是日本最古老的酒業品牌之一，也是美國銷售量最好的日本酒品牌。札幌位於北緯 43 度的北海道道央地區，擁有純淨的自然環境，氣候類似於美國密爾沃基（Milwaukee）和德國慕尼黑（Munich），是非常適合大麥與啤酒花生長的地區。得天獨厚的條件，造就了札幌啤酒的出眾品質。

　　札幌啤酒與大阪麥酒在 20 世紀初，曾一度合併為大日本麥酒，並在第二次大戰期間佔有市場達 70% 以上。戰爭結束後，先是因為啤酒被禁止擁有獨立商標而使得札幌啤酒這個品牌被宣告消滅，後又因為反壟斷法令的推行，重新被分割。儘管 50 年代中期以後，這個品牌在札幌重新恢復，重重波折卻讓它流失許多市場，被麒麟、朝日、三得利等品牌超越。

　　廠方釀酒採用的麥芽和啤酒花，從種植到運輸過程完全遵循「協同契作栽培系統」。廠方特別培訓一群原料專家，並派到世界各地的契作農場與生產者一同工作，同時也進行新品種開發。這個獨特的流程，讓廠方從原料開始就嚴格把關品質，完美把控啤酒的口感。

　　札幌啤酒喝起來口感圓融，雖然味覺層次變化並不明顯，但香氣、苦味與醇度完美平衡，使得酒體入喉十分順暢，搭配綿密奢華的酒帽，是很舒適的品飲體驗。

Sapporo

網址：www.sapporobeer.com
種類：拉格啤酒
色澤：澄澈金黃色
香氣：清淡麥香
風味：酒帽綿密，口感平衡而順暢
特色：最佳飲用溫度為 4℃至 8℃

Chones／Shutterstock.com

勝獅啤酒

Singha

泰國皇室御用品牌

全球各地的皇室都有愛用的品牌，並經由特定的認證機制，對於該產品賦予認可的榮耀，泰國亦然。勝獅啤酒即是由泰國皇室認證的御用品牌，其擁有獨特的蜂蜜香氣及奢華的綿密酒帽，口感滑順清爽，連泰皇也為之傾倒，幾乎成了泰式啤酒的代名詞。

勝獅啤酒源起於 1933 年，由湄南河畔創立的泰國第一間啤酒廠邦羅德啤酒廠（Boon Rawd Brewery）推出。1939 年，它成為泰國市面上唯一榮獲皇室認可的啤酒品牌，其瓶身上有著金色的泰國國徽，人身鳥翅的迦樓羅（Garuḍa），即是代表其「受皇室任命、指派」的意思，它被視為崇高的榮耀。

從創立至今，它堅持採用百分百大麥麥芽，來自歐洲的雙倍薩茲啤酒花（Saaz），創造出特有的芳香和苦味，經過發酵及清除雜質，醞釀出具有正宗金黃酒液與細緻氣泡的味道。有人說，它是泰國人眼中品質的象徵，更認為它是泰國飲食文化中不可或缺的一環。

曾經獲得美國品酒協會票選為最佳亞洲啤酒（Best Asian Beer）及世界釀酒協會（World Brew Association）金牌獎。勝獅在泰國成為世界觀光客最熱愛選擇的今日，許多旅客到了泰國，心心念念就是要來一口勝獅啤酒。更有不少熱愛泰國料理的饕客透露，酸辣的泰國菜配上清涼的勝獅啤酒，就是炎炎夏日中最沁心的享受。

Boon Rawd Brewery

網址：www.singha.com
種類：拉格
色澤：奢華的金黃色澤
香氣：花草香氣、蜂蜜甜香及紮實麥香
風味：中等酒體，口感柔順，尾韻甘甜
特色：泡沫綿密細緻，宜斟入杯中飲用

urbanbuzz / Shutterstock.com

聖柏納杜斯 Abt 12 啤酒

St. Bernardus Abt 12

強勁而多層次的風味

　　聖柏納杜斯算不上是正統由修道院僧侶釀造的修道院啤酒，在歸類上它被視為「艾比酒」（Abbey）。儘管如此，你可別小看它，那入喉的強勁醇厚，相較於受認證的修道院啤酒，可是一點都不遜色。

　　1930 年，法國的僧侶被規定必須繳稅，而在比利時沒有此項規定。這使得僧侶們決定移居比利時，在西部的瓦陶（Watou）小鎮定居，也帶來起司的製作工藝。回到法國後，此地先後承接了修道院的起司與啤酒事業，也獲得了正宗修道院的釀製技術。此外，它的配方還與正宗修道院啤酒「傳奇修道院」（Westvleteren）有著不少淵源。傳奇的釀酒大師馬修薩弗蘭斯基（Mathieu Szafranski）曾是他們的合作夥伴。1946 年至 1992年之間，聖柏納杜斯還曾幫傳奇修道院代工釀製啤酒。

　　Abt12 有著強勁的酒精力度，以及複雜的味覺變化。一入口，它的強大香氣就在口中迸發，柑橘香、蜂蜜香、燒烤及焦糖味，海浪一般層層湧上。主導風味的單寧結構，緩緩帶出中等的苦味，均衡而優雅。直到尾韻，明顯的灼熱感，才會湧上喉頭。層層遞進的味覺轉折，讓思緒閒不下來，非得專注品味不可。

　　誰說喝啤酒一定要爽口又輕盈？嚐嚐聖柏納杜斯 Abt 12 啤酒，體驗一下具有深度的啤酒滋味吧！

Chimay Brewery

網址：www.sintbernardus.be
種類：艾比酒（Abbey）
色澤：深琥珀色，杯緣泛桃花心木光澤
香氣：柑橘類果香、蜂蜜香氣、焦糖與燒烤風味
風味：酒體飽和、澀感含蓄，尾韻苦味逐漸鮮明
特色：適合於 6℃至 10℃飲用

bannart／Shutterstock.com

聖富樂‧農夫季節啤酒

St. Feuillien Saison

豐盈輕盈，大地氣息

西元 655 年時，一位愛爾蘭僧侶來到了歐洲宣揚福音，卻在比利時勒魯克斯（Le Roeulx）遭受異教徒的攻擊，最後慘遭斬首而殉教。為了紀念這位聖人，人們在他罹難的地方建立了聖富樂（St-Feuillien）修道院。1125 年，修道院開始釀製啤酒，直到法國大革命期間慘遭軍隊破壞，才告中斷。

而今的勒魯克斯古堡與石板路依舊，酒廠又開始釀著酒。1873 年，弗萊亞特（Friart）家族的一名女性成員，在尋回修道院配方後，繼承並復興了釀製傳統比利時風格啤酒，並一直維持著家族經營的傳統，依慣例由女性為主掌控。2012 年，它從三百多家酒廠中脫穎而出，獲得當年度最佳釀酒廠。

酒廠產出的酒款眾多，三重發酵、金啤酒、印度淡色愛爾等等，都深受好評。然而，這裡要推薦這款最具代表性的聖富樂‧農夫季節啤酒（St. Feuillien Saison）。這是一款出色的地區性啤酒，起源於比利時南部農場啤酒廠，為了讓農人在農忙之餘可以感到沁涼與解渴，所以酒精濃度不高，口感也相當清爽。

未經過濾的酒體，帶有混濁濃郁的金黃色，澎鬆強大的酒帽包覆的香氣，強大的柑橘氣息在入口後大量湧入鼻息，還帶著微微的大地泥土芬芳，苦味適中而均衡。自然而奔放的調性，彷彿飲進一整季的豐收。

St-Feuillien

網址： www.st-feuillien.com
種類： 季節啤酒
色澤： 渾濁的琥珀色
香氣： 柑橘調香氣，帶著土壤氣息以及濃烈的啤酒花香
風味： 豐盈澎鬆的泡沫及輕盈酒體，苦味中等，收尾簡潔
特色： 有大量泡沫，宜用寬口杯

183

時代啤酒

Stella Artois

酒體輕盈，深度風味

　　但凡談到比利時的啤酒，那就非得提到時代啤酒不可。在這個擁有四百多個啤酒品牌，而其啤酒文化更被聯合國教科文組織認定為人類非物質文化遺產的國度裡，時代這個品牌佔據了不可取代的地位。它目前隸屬於安海斯布希英博集團（Anheuser-Busch InBev SA/NV，AB InBev），行銷世界八十個國家，是全球銷售前五大的的比利時啤酒之一。

　　時代啤酒的歷史，可以上溯到約莫六百年前，1366 年成立於魯汶市（Leuven）的登霍恩啤酒廠（Den Hoorn）。酒廠的興起，源自於魯汶大學的成立，生活在此地的學生們需要飲用安全的水。這使的當地所產的啤酒，經常一出廠就銷售一空，據說每年每個人喝掉的啤酒，約莫有三、四百升那麼多。因此，到了拿破崙統治歐洲時，登霍恩就已經是帝國境內最大的啤酒廠了。

　　1926 年末，廠方推出一款聖誕節限定的酒，一問世就深受歡迎，結果成了常態性發售的酒款，就是今日我們所熟知的時代啤酒。這是一款典型的淡啤酒，酒體純淨清澈，不甜，酒感亦不明顯，散發著優雅細膩的啤酒花香與麥香，尾韻苦澀而悠長，非常清爽解渴。

　　拉格啤酒常被認為寡淡無味，但時代啤酒卻輕盈得頗有深度，順口舒暢之餘，又引人入勝，是值得珍藏的啤酒風味。

Stella Artois

網址： www.stellaartois.com
種類： 拉格啤酒
色澤： 清澈淡金色
香氣： 新鮮麥香，入口清爽，鮮明的啤酒花氣息
風味： 酒帽消散快，黏性良好，純淨而爽口，苦韻悠長
特色： 盛杯後儘速飲用口感最佳

DenisMArt／Shutterstock.com

惡魔之石 IPA 啤酒

Stone IPA

正宗西岸風格啤酒

　　自 1980 年代，美國開始精釀啤酒運動，這使得小型釀酒廠得以大顯身手，釀製出有別於歐陸啤酒的獨到風味，而美式 IPA 也應運而生。

　　美式 IPA 為美式印度淡色愛爾的代稱，以淺色麥芽為基底，再混以少量不同烘焙程度的麥芽釀製，酒體也呈現金黃色或微紅色。IPA 向來以大量使用啤酒花而著稱，尤其是西海岸的美式 IPA，有著強烈的啤酒花風味，國際苦度值（International Bitterness Unit，IBU）在 50-70 以上。

　　巨石釀酒廠（Stone Brewing）總部位於埃斯孔迪多市（Escondido），是南加州最大的啤酒廠，也是美國第九大精釀啤酒廠。其成立於 1996年，並啟用在地插畫家所設計的惡魔石像圖騰為標誌。它被兩家最大家的啤酒愛好者網站「啤酒點評」（RateBeer）與「啤酒提倡」（BeerAdvocate）的讀者選為「有史以來最頂級的啤酒廠」（All Time Top Brewery on Planet Earth.）。是正宗西岸風格 IPA 啤酒的上上之選！

　　擁有豐富熱帶果香的惡魔之石 IPA 啤酒，是 IPA 狂熱份子的冰箱必備款。金色的酒體，散發著熱帶水果、柑橘及松樹啤酒花的芬芳，與麥芽的香氣達到完美平衡。那正統的美式西岸風格苦味，令嗜苦者一飲難忘。

Stone

網址：www.stonebrewing.com
種類：印度淡色愛爾
色澤：深金色
香氣：熱帶水果、柑橘、松樹啤酒花的香氣
風味：有著濃密酒帽的中等酒體，嚐得到正宗 IPA 苦味
特色：搭配重口味食物，苦味能有解膩回甘的效果

089

英國
6%

泰尼斯・蘇格蘭陳釀啤酒

Tennent's Aged With Whisky Oak

承襲蘇格蘭精神

作為威士忌盛產之地，蘇格蘭所釀製出的啤酒，若能與威士忌的特色結合，那麼一定能別有風情。這款蘇格蘭陳釀啤酒（Aged With Whisky Oak）便是這樣的一款。無論你是啤酒的愛好者，或是威士忌品酩者，都可以在它的味道中，嚐到自己熟悉的滋味。

它由威派（Wellpark）啤酒廠釀造，這是一個擁有數百年歷史的酒廠，就座落在知名的格拉斯哥大教堂附近。1556年，泰尼斯家族的人發現這塊寶地，覺得此處非常適合釀造啤酒，於是在這裡創建了手工釀造酒廠。到了1740年，胡（Hugh）和羅伯（Robert）兩兄弟，將這份家族事業拓展為商業的規模。

今日，酒廠沿用著家族1556年以來的原始配方，以大麥麥芽、啤酒花、酵母和水進行釀造。其採用來自蘇格蘭高地淡水湖「卡特琳湖」（Lock Katrine）的水釀製，其純淨水質讓啤酒喝起來特別順口。並向在地農場長期合作，蒐購最高品質的大麥麥芽。釀造出的酒體，有著適度的氣泡，入口順滑而洋溢青草香。

這款蘇格蘭陳釀啤酒，在出廠前放置於釀製威士忌的橡木桶中進行熟成。香草和橡木的味道交融，加上鮮活的酒花香氣，那芬芳的味覺體驗，有別於品飲威士忌，卻又有相似之處。喜愛威士忌的你，今天想換個輕盈的口味？那就是泰尼斯了！

Wellpark

網址：tennents.com
種類：橡木桶陳年拉格
色澤：微深的金色
香氣：濃郁的煙燻味與微妙的果香
風味：中等酒體，口感溫暖，收口微乾
特色：酒帽消失快，宜儘速飲用

monticello／Shutterstock.com

虎牌拉格啤酒

○

Tiger Lager Beer

擁有亞洲之最的殊榮

虎牌啤酒是新加坡生產的啤酒，來自 1932 年由荷蘭海尼根（Heineken）創辦的酒廠。據說，在 1931 年的一個晚上，海尼根及新加坡星獅（Fraser & Neave）公司的高管，在萊佛士酒店深夜交流飲料，催生馬來啤酒廠（Malayan Breweries），即亞太啤酒廠（Asia Pacific Breweries）的前身。翌年 10 月 1 日，這間酒廠開創了世界上第一款熱帶啤酒，即老虎啤酒。

現在的虎牌啤酒，在亞洲八個國家皆有釀造廠，包括：新加坡、馬來西亞、泰國、越南、緬甸、柬埔寨、中國及蒙古，並行銷於全球七十多個國家。共獲得英國國際啤酒大獎、世界啤酒金杯賽等五十多項國際獎項肯定，被譽為最能代表亞洲文化的啤酒，擁有「亞洲之最」的啤酒盛名。

絕佳的順暢口感，是虎牌啤酒的特點，能在四季如夏熱帶地區，隨時提供清涼滋味，飲用後有麥香回韻。搭配馬來西亞、新加坡常見的燒烤及海鮮料理，特別能夠平衡油膩感，讓你在炎熱的夏夜一杯接著一杯。

令人印象深刻的品牌標語「解放你心中的老虎」（UNCAGE your Tiger!），搭配包裝上鮮明的老虎圖樣，特別與社會中奮鬥的上班族有共鳴，是社會新鮮人聚餐時的絕佳選擇！

Asia Pacific Breweries

網址：www.tigerbeer.com
種類：拉格啤酒、窖藏啤酒
色澤：微深的金黃色
香氣：鮮明的啤酒花香與麥香
風味：甘甜調性，苦味不多，泡沫強烈但不綿密
特色：適宜搭配重口味燒烤或海鮮料理

Lenscap Photography／Shutterstock.com

廷曼斯自然發酵啤酒

Timmermans Oude Gueuze

中等酸度，口感溫潤

在啤酒的領域中，蘭比克（Lambic）是相當古老而又獨特的一種。它從 11 世紀就開始被釀造，多半限於比利時塞內山谷（The Senne valley）周邊，所以生產者非常少。而廷曼斯（Timmerman）是現在蘭比克酒廠中歷史最為悠久的，從 1702 年便開始釀造的事業了。

創辦者賈克巴斯·瓦瑞芬斯（Jacobus Walravens）最初只是運用農場的一個部分來釀酒，一旁還有製麥間、果園與咖啡廳，更以酒廠的名稱來命名，稱為「地鼠啤酒廠」。1911 年，釀酒師法蘭斯·廷曼斯（Frans Timmerman）接手，將酒廠改成現在的名字，但仍在酒標中保留地鼠圖案。至今，這間酒廠仍是以家族管理的方式在經營。

一直以來，酒廠雖然始終堅持著古法的工序，但卻因為 80 年代為酸釀啤酒加甜調味的策略，使得聲譽大大受損。直到 2009 年夏天，進一步改善原酒品質，才又逐漸贏回口碑。廷曼斯醣化的過程相當費時獨特，麥汁會與存放兩週至四年不等的啤酒花同煮，煮沸時間長達 4 小時以上。

廷曼斯自然發酵啤酒（Timmermans Oude Gueuze）採用塞內山谷的野生酵母，經過自然發酵。它的鮮明酸味與來自酵母的奔放苦味調和，使得口感溫潤和順，從第一口開始就充滿山谷的自然香氣，直至結束喉頭仍縈繞餘韻。

Timmerman

網址：brtimmermans.be
種類：酸啤酒、香檳啤酒
色澤：霧感金色
香氣：水果及小麥的清爽香氣
風味：酸感明顯，在些許苦味的調和下，口感仍十分溫和
特色：適合於 6℃ 至 8℃ 飲用

青島・經典 1903 啤酒

Tsingtao 1903

爺青回的滋味

青島啤酒（Tsingtao）前身是德國人於 1903 年在中國所創的「日耳曼啤酒青島股份公司」。1898 年，德國以傳教士被殺害為由出兵中國，與清政府簽訂《膠澳租借條約》，並將租借地定名為「青島」，使得青島成為唯一個現代化的德式港口城市，也將德國釀啤酒的技術引進這裡。1914 年，日本佔領青島，將公司改為「大日本麥酒株式會社青島工場」，也生產日本的朝日啤酒。1945 年日本二戰敗後，才由中國人接管，並更名「青島啤酒公司」，成為今日中國歷史最悠久的啤酒品牌之一。

血淚斑斑的殖民史而今成了這個百年酒廠的獨特風味，飲者喝的不只是爽口冷冽，更有著獨特的情懷。有個故事是這麼説的：青島酒廠裡有個徒弟正在刷洗發酵池，師傅問：「你爹喝啤酒嗎？」答：「喝。」師傅又説：「那就仔仔細細地刷，因為它就是你爹的酒壺。」還有一名嫁給德國人的女人抱怨，老公只會三個中國單詞：「北京、毛澤東、青島啤酒。」可見青島啤酒的普及度與代表性。中國網友以「爺青回」一詞來傳達「爺爺的青春回來了」。每個世代爺爺的青春裡，似乎都有青島啤酒的滋味！

這款「經典 1903」是酒廠以自身歷史為標榜的代表產品，其源自於 1903 年採用的「兩段法發酵工藝」，以長時間的緩慢釀製，成就其獨特的細膩麥香。輕盈微甜的口感，讓它在餐桌上十分百搭。

Tsingtao

網址：www.tsingtao.com
種類：拉格啤酒
色澤：澄澈晶瑩的金黃色
香氣：明顯的麥芽香與優雅的花香
風味：不苦不澀，清甜順口，剛入口時氣泡感強烈，尾韻為短暫的麥香
特色：清爽百搭，特別適合口味清淡的食物

DenisMArt／Shutterstock.com

尤尼布朗・上帝禮讚啤酒

Unibroue Don de Dieu

新鮮創意激盪傳統工藝

尤尼布朗（Unibroue）成立於 1993 年，位於加拿大魁北克省西南部的一個離島城市尚布利（Chambly），是一間很年輕的啤酒廠，開創蒙特利爾（Montreal）地區精釀啤酒之先河。沒有悠久的歷史，似乎也少了多餘的限制，酒廠釀造各種風格的酒種，各款產品名稱更是天馬行空，「世界末日」（La Fin du Monde）、「上帝禮讚」（Don de Dieu）、「詛咒」（Maudite）等等，創意十足令人充滿遐想。

後生可畏，儘管加拿大在啤酒的領域中並不是顯赫的血統，但憑藉著尚布利地區來自移民的悠久文化，尤尼布朗仍繼承了來自歐洲的釀酒技術，特別是比利時的釀酒工藝。自成立之後，這個品牌一直是各類評鑑比賽中的常勝軍。像比利時修道院風格的「世界盡頭」，自推出以來便獲獎無數，堪稱戰功最為彪炳。而比利時三倍愛爾風格的「上帝禮讚」，亦是後來居上，獲獎連連。

「上帝禮讚」口感溫潤而香氣過人，沒有強烈的苦味而是馥郁的水果氣息。瓶身上的木製帆船圖樣，是魁北克城建立者法國探險家山姆尚普蘭（Samuel de Champlain）的船。根據酒廠的說法，它的味道就像是法國人和加拿大原住民相遇的歷史瞬間，每一口都是上帝賜與的美好禮物！

Unibroue

網址：www.unibroue.com
種類：比利時三倍愛爾
色澤：透明橙金黃色
香氣：香草、水果蛋糕、蜂蠟、鮮花和蜂蜜的香氣
風味：苦度低，味道清甜，帶有香蕉、啤酒花和香料味
特色：適合搭配白肉或山羊起司

Keith Homan／Shutterstock.com

維恩雪弗·小麥啤酒

Weihenstephaner Hefeweissbier

古老滋味，現代呈現

　　德國維恩雪弗（Weihenstephaner）啤酒廠不僅是世界上最古老的啤酒廠，也是釀酒人心目中的最高殿堂。相傳，酒廠歷史起源於西元 725 年，修道院創始人聖·寇比尼恩（Saint Korbinian）與十二位同伴創立了維恩雪芬（Weihenstephan）本篤會修道院，不久後便開始種植啤酒花，成為德國最早運用啤酒花於啤酒中的酒廠之一。西元 1040 年，酒廠取得政府的販售許可，從此展開輝煌的啤酒釀製工藝事業。

　　在此後的歷史浪潮中，修道院經歷了戰事與災禍，一直沒有倒下。直到 1803 年，在宗教世俗化的浪潮下，才宣告解散，並讓酒廠成為國家資產。政府的介入不是一件壞事，國家資本的挹注讓這項傳統的釀製工藝與現代產業結合，成為傲視世界的專業。1852 年，它與中央農業學校結合，成為現今聞名世界的釀酒暨農業大學。1921 年，酒廠更名為「巴伐利亞國家啤酒廠——維恩雪弗」（Bayerische Staatsbrauerei Weihenstephan）。

　　這款小麥啤酒，沿襲德系啤酒一貫的均衡與純淨風味，香氣與味覺層次並不複雜，但各方面均衡細膩的呈現，讓整體的飲用感受格外舒服、柔順。濃密的白色泡沫，洋溢著淡淡酯香，入口時有著成熟的香蕉、熱帶水果風味，收尾乾淨清爽，不拖泥帶水，一杯接著一杯暢飲也不覺負擔。

Weihenstephaner

網址：www.weihenstephaner.de
種類：小麥啤酒
色澤：偏橘色調的金黃色
香氣：令人印象深刻的香蕉香及丁香
風味：酒帽細緻而白，口感輕快順暢，鮮活而舒爽
特色：適合搭配海鮮或白肉，也可以當作開胃酒

Marc Venema／Shutterstock.com

威斯莫勒雙倍啤酒

○

Westmalle Dubbel

內斂深沉的苦韻

威斯莫勒修道院歷史悠久，創立於 1794 年 6 月 6 日，全名為「聖母耶穌聖心修道院」（Abdij Onze-Lieve-Vrouw van het Heilig Hart van Jezus），坐落於比利時莫勒市（Malle）的同名村莊。不過，直到 1836 年，它才受熙篤會認定，生產修道院啤酒。教規規定，允許僧侶製造及每天飲用適量的啤酒或水果酒，而他們選擇了當地較受歡迎的啤酒。

剛開始，修道院生產的啤酒，不僅酒精含量低，而且口味偏甜，主要提供日常的飲用，是威斯莫勒特優啤酒（Westmalle Extra）的前身。到了 1856 年，隨著需求的增加，僧侶又開發了另一款原料成分加倍的口味，就是這款威斯莫勒雙倍啤酒的原型。隨著時間，酒廠多次調整了這款酒，直到 1926 年的配方定下來，生產至今日。

這款啤酒勁道十足，酒體渾厚而均衡，風味富有變化。一入口，即可以感受到那紮實沉穩的香氣，杏仁、榛果、黑巧克力，適度的酸味帶出果香。入喉後，尾韻深沉變化，蘋果、金屬風味，慢慢轉為金屬及草本風情。苦味在變換多端的香氣襯托下，處處充滿驚喜，引人入勝，是很有深度的味道展現。

在 13℃ 以下飲用時，這款啤酒的香氣會顯得較為封閉，因此它不適合於太低溫時飲用。

Westmalle

網址：www.trappistwestmalle.be
種類：修道院啤酒
色澤：深棕色泛紅銅光澤
香氣：鮮明的紅色果香與榛果味，些許巧克力與焦糖香
風味：酒體圓潤渾厚，宜人的微酸，讓酒體不顯滯重
特色：品飲溫度不宜太低，15℃ 以上最佳

andrebanyai／Shutterstock.com

傳奇修道院 12 啤酒

Westvleteren 12

超限量的夢幻逸品

　　喜愛比利時啤酒的人，多半聽過傳奇修道院 12 啤酒的大名。全黑的瓶身毫不顯眼，只在瓶頸處看到刻有「Trappistbier」的字樣，其餘品牌、酒精濃度和酒款等等資訊，都收攏在一張小小的圓標貼紙內。這樣極度樸實的外觀，在眼花撩亂的啤酒包裝中，卻成了最經典的識別標誌。

　　這款啤酒長期佔據在各大排行榜的前幾名，更有過「世界第一傳奇啤酒」的美譽，但是事實上喝過的人卻非常少。這是因為，它的產量稀少，也沒有透過任何經銷商對外銷售，唯一購得的方式，就是顧客上網下訂，每人兩個月內限購兩箱。所以，它的滋味總是透過口耳相傳，在廣大的酒客中傳播著。

　　身為最早 7 間修道院啤酒之一，聖西斯圖斯特拉普修道院（Trappist Abbey of Saint Sixtus）建立於 1831 年，1838 年在符合聖本篤會規的前提下開始釀造啤酒，但 1931 年之後才開始對外販售。二戰期間，因為銷量太好，甚至還擴大生產，結果因為釀造過程繁複，幾乎佔用了僧侶所有的時間，而喪失了以釀酒維持修行生活的初衷。不久後傳奇修道院的啤酒就恢復到從前極少的產量。

　　成熟的蘋果、梨子香氣，混合著蜂蜜與糖漿的基調，在口內迸發出糖果一般的濃郁香甜，帶著比利時酵母特有的酯香，口感順滑細致，尾韻悠長。如果你有機會品味這款啤酒，千萬要好好把握！

Westvleteren

網址：www.trappistwestvleteren.be
種類：修道院啤酒
色澤：接近黑的深咖啡色
香氣：蜂蜜、蘋果與梨子的果香
風味：細緻滑順，有著濃郁的糖果甜味，尾韻悠長
特色：適合搭配肉類主菜，如羊排

女巫森林·小妖精紅寶石啤酒

Wychwood Hobgoblin Ruby

飽滿酒體，芬芳滿溢

　　啤酒廠位於英國牛津地區的威特尼（Witney），現隸屬於英國的知名餐飲旅館集團馬斯頓（Marston's），屬於其旗下的旗艦品牌。酒廠的歷史可以從 1841 年開始說起，它最早不過是為其他酒廠碾製加工麥芽的廠商，幾經波折轉售，也曾經關閉。1983 年，才創立了女巫森林（Wychwood）這個品牌。酒廠堅持只釀造傳統的英式啤酒，每年生產約五萬桶，行銷至北美、德國、瑞典、法國、澳洲、日本等地，可說是英國最大的有機啤酒廠。

　　小妖精紅寶石啤酒（Hobgoblin Ruby）是酒廠最知名也最受歡迎的啤酒。首席釀酒師傑瑞米·莫斯（Jeremy Moss），描述它是：「帶有紅寶石光芒的酒體飽滿，平衡良好，帶有巧克力太妃糖麥芽味，適中的苦味和獨特的果味。」這款典型的英式苦啤，以濃郁的香氣著稱，口感清脆、滑順，收口特別乾脆利索，細品或暢飲都很有滋味，不會感到負擔。

　　一直以來，深受啤酒愛好者所支持。它不僅是麥可·傑克遜（Michael Jackson）所選的 500 款經典啤酒之一，更曾經被英國首相當成外交禮物，送給彼時的美國總統歐巴馬（Obama）。

　　女巫森林是英國第一家採用繪圖酒標的酒廠，旗下每一款酒都代表著古老森林裡的神話故事，充滿故事與傳奇性。其每年固定舉辦的音樂節，吸引大批重金屬樂迷前往朝聖。

Wychwood

網址：hobgoblinbeer.co.uk

種類：英式苦啤酒

色澤：不透光深琥珀色

香氣：太妃糖、柑橘與巧克力味，有烤麵包的香氣

風味：酒體飽滿，入口柔滑、芬芳滿溢，收口乾，回韻苦

特色：適合重口味愛好者

MarkUK97 / Shutterstock.com

205

奇健尼・愛爾蘭奶油愛爾啤酒

Kilkenny Irish Cream Ale

奶油泡沫，濃郁口感

　　位於愛爾蘭（Ireland）東南部，奇健尼（Kilkenny）是個具有悠久歷史的旅遊勝地，老城堡、大教堂、鐘塔等老建築座落其中，處處是古意盎然的風景，其中聖弗朗西斯修道院（St. Francis Abbey）修道院，不僅是觀光客時常拜訪參觀的處所，更是奇健尼這個啤酒品牌的發源地。據說，這裡是愛爾蘭最古老的啤酒廠呢！

　　這款奇健尼愛爾蘭奶油愛爾啤酒，便是因為誕生於這個迷人小鎮而得名。出自僧侶之手的它，以奶油般濃郁的泡沫口感而知名，深紅色的酒體不僅獨具一格，而且賣相極佳。因此，它在愛爾蘭當地、澳洲、紐西蘭及加拿大等地區，都深受酒客歡迎。尤其是喜劇演員麥克・麥爾斯（Mike Myers）、饒舌歌手德瑞克（Drake）這些大明星們，更是樂於舉杯與奇健尼合影。雖說是古老的修道院啤酒，卻似乎是品味與潮流的象徵。

　　修道院啤酒廠在 2013 年關閉，如今這款啤酒的是在都柏林的聖詹姆斯門啤酒釀造廠（St. James's Gate brewery）生產，並隸屬於健力士（Guinness）的製造商。因此，它和健力士一樣，製造商在瓶裝和罐裝啤酒中添加了一個裝有氮氣的膠囊，一打開瓶身就會產生泡沫，有著無口取代的高質量泡沫口感。想要在家裡也喝得到酒吧那樣口感絕佳的啤酒嗎？那試試它就對了！

St. James's Gate brewery

網址：www.smithwicksexperience.com

種類：愛爾啤酒

色澤：接近覆盆子的暗紅色

香氣：焦糖、堅果與蜂蜜的明顯氣息

風味：豐富的泡沫帶有苦味，搭配濃郁味道，餘韻無窮

特色：應於低溫中保存

麥瑟士小麥黑啤酒

Maisel's Weisse Dunkel

濃郁果香與麥香

　　「黑啤酒」顧名思義就是黑色的啤酒，酒色之所以會偏黑的原因在於，釀酒的原料穀物在釀酒前會先經過烘焙，也因此往往會帶著煙燻、咖啡或巧克力等味道的感覺。如果你更偏好濃郁麥香與焦香，那麼你在選購麥瑟士（Maisel's）的小麥啤酒時，不妨挑選黑啤酒這一款。

　　麥瑟士小麥黑啤酒以經過特殊烘烤流程的小麥與大麥麥芽為原料，採釀酒大師世代相傳的優質酵母，釀製出帶著深黑光澤的桃花心木色酒體。與麥瑟士小麥啤酒原版（Maisel's Weisse Original）相比，它的酒體又更加醇厚濃郁，除了已經芬芳馥郁的香蕉、柑橘丁香氣味之外，又帶著烘烤大麥的麵包香，極適合用來搭配烤豬肉、雞肉、香腸起司等料理。

　　作為巴伐利亞擁有悠久歷史的家族釀酒廠，麥瑟士自2019年9月起，和艾丁格（Erdinger）與思奈德（Schneider）這兩間酒廠，聯合發起了小麥啤酒提升的運動，提倡巴伐利亞獨特的二次熟成技術。第一次熟成，是在發酵完成之後，將酒液、新鮮酵母和啤酒麥芽汁精製，然後才裝瓶。啤酒在裝瓶過程中沒有經過巴氏殺菌，廠方不會立刻出貨，而是讓酒液在瓶中或桶中進行二次熟成，約莫三個星期。想要喝到正宗巴伐利亞風味的小麥啤酒，認明這三家就對了！

Maisel's

網址：www.maisel.com
種類：小麥啤酒、愛爾啤酒
色澤：桃花心木色
香氣：成熟的香蕉味、清淡柑橘香、丁香，與烘烤麥香
風味：飽滿酒體，苦味與甜味均衡交融，濃郁而迷人
特色：適合搭配烤雞肉與豬肉料理

麥瑟士原版小麥啤酒

Maisel's Weisse Original

經典德國小麥風味

受到純酒令的影響，德國多數啤酒都是以大麥為主要原料。因此，小麥啤酒在這個啤酒大國中，就成為一種非常特殊的存在，它不僅採用了小麥作為啤酒的主要原料，也是德式啤酒中為數不多的愛爾。一般而言，小麥啤酒屬於愛爾啤酒，所以喝起來有馥郁的果香，此外高蛋白質含量的特色，也讓酒體看起來比較混濁。

麥瑟士（Maisel's）的歷史開始於 1887 年，是由一對百年釀酒世家中的兄弟漢斯（Hans）及艾伯哈特（Ebarhart）成立。很長的時間都是以下層發酵產品為主，直到 1955 年才開始釀製小麥啤酒。1970 年代遇到小麥啤酒復興潮流，意外成了業界的先驅者。不僅大大拓展了小麥啤酒的市場規模，也為自家的市場奠定了堅實的基礎。而今，仍維持家族經營模式的它，已是德國第四大的小麥酒廠。

麥瑟士原版小麥啤酒是國際獎項的常勝軍，包括 2018 年世界啤酒獎金獎、2019Meiniger 國際精釀啤酒獎金獎等等。它採用精選小麥與大麥麥芽，使得釀造出的酒液，可以調和出呈現微紅色、發光的琥珀色澤。更值得一提的是，酒廠採用自己栽種的酵母，它是釀酒大師數代傳承下來的獨家祕方，賦予啤酒與眾不同的獨特個性。品飲時可嚐到令人愉悅的濃郁果香，混合著丁香調性的辛辣味，以及微微的荳蔻芬芳。

Maisel's

網址：www.maisel.com
種類：德國小麥啤酒
色澤：朦朧微光琥珀色
香氣：醇厚的香蕉果香和辛辣的丁香香氣
風味：水果調性的微微清甜，口感滑順
特色：與亞洲或義式菜餚都很搭

那庫歐・帝國黑麥波特啤酒

Nogne Ø Imperial Rye Porter

酒體飽滿而不膩

那庫歐啤酒廠地處偏遠北歐，但是名氣卻不小。它由貢納爾・韋格（Gunnar Wiig）和克傑提爾・吉昆（Kjetil Jikiun）一同創立在 2002 年創立，名字在丹麥語中意思為「裸島」，靈感源自於易卜生（Henrik Johan Ibsen）的詩歌。從 2006 年以後，這個品牌在啤酒評價網站上，一直在前百強的名單中。

在黑啤酒中，波特（Porter）和司陶特（Stout）是兩大經典類型，後者是前者的加強版，論口味而言，波特更為經典。波特酒出現於 18 世紀，因為深受彼時倫敦搬運工的歡迎而得名。為了讓疲憊的工人，可以快速補充熱量和水分，並精神充沛，所以波特酒的酒精濃度通常偏高，味道也偏向渾厚。

這款帝國黑麥波特（Imperial Rye Porter）既然冠上「帝國」稱號，氣勢鐵定不凡，比一般的波特啤酒更加強烈，酒精濃度達 9%。擁有挪威血統的它，是由那庫歐（Nøgne Ø）與美國喬治亞州知名酒廠特瑞賓（Terrapin）所聯合作打造。它不但保有波特啤酒所屬的咖啡和乾果香氣，也融合了裸麥獨特的辛辣味。在市面上的波特酒中，是獨一無二的存在。

打開一瓶那庫歐帝國黑麥波特啤酒，啜飲濃厚卻不失均衡的酒液，在它的香氣中彷彿可以感受易卜生的直白與犀利，那屬於北國的豪放風情。

Nøgne Ø

網址：www.nogne-o.com
種類：波特
色澤：深黑色
香氣：咖啡和乾果香氣
風味：泡沫豐富，酒體柔和，喝得到果香及堅果風味
特色：可搭配黑巧克力、奶酪或紅肉菜餚

加入晨星

即享『 **50 元 購書優惠券** 』

─ 回函範例 ─

您的姓名： 晨小星

您購買的書是： 貓戰士

性別： ●男 ○女 ○其他

生日： 1990/1/25

E-Mail： ilovebooks@morning.com.tw

電話／手機： 09××-×××-×××

聯絡地址： 台中　市　　西屯　區

工業區 30 路 1 號

您喜歡： ●文學／小說　●社科／史哲　●設計／生活雜藝　○財經／商管
（可複選）●心理／勵志　○宗教／命理　○科普　　　○自然　　●寵物

心得分享：
我非常欣賞主角…

本書帶給我的…

"誠摯期待與您在下一本書相遇，讓我們一起在閱讀中尋找樂趣吧！"

國家圖書館出版品預行編目（CIP）資料

啤酒品味圖鑑／陳馨儀編著. -- 初版. -- 臺中市：
　晨星, 2023.08
　216面；16×22.5公分. --（看懂一本通；19）
　ISBN 978-626-320-502-4（平裝）

1.CST：啤酒

463.821　　　　　　　　　　　　　112008930

看懂一本通 019

啤酒品味圖鑑

編著	陳馨儀
編輯	余順琪
校對	余思慧、楊荏喻
封面設計	高鍾琪
美術編輯	林姿秀

創辦人	陳銘民
發行所	晨星出版有限公司
	407台中市西屯區工業30路1號1樓
	TEL：04-23595820　FAX：04-23550581
	E-mail：service-taipei@morningstar.com.tw
	http://star.morningstar.com.tw
	行政院新聞局局版台業字第2500號
法律顧問	陳思成律師
初版	西元2023年08月01日

讀者服務專線	TEL：02-23672044／04-23595819#212
讀者傳真專線	FAX：02-23635741／04-23595493
讀者專用信箱	service@morningstar.com.tw
網路書店	http://www.morningstar.com.tw
郵政劃撥	15060393（知己圖書股份有限公司）

印刷	上好印刷股份有限公司

定價 350 元
（如書籍有缺頁或破損，請寄回更換）
ISBN：978-626-320-502-4
圖片來源：shutterstock.com

Published by Morning Star Publishing Inc.
Printed in Taiwan

─── │最新、最快、最實用的第一手資訊都在這裡│ ───